全国技工院校 3D 打印技术应用专业（中/高级技能层级）

3D 打印产品后处理（学生用书）

田喆　主编

中国劳动社会保障出版社

简介

本书为全国技工院校 3D 打印技术应用专业教材（中/高级技能层级）《3D 打印产品后处理》的配套用书，供学生课堂学习和课后练习使用。本书按照教材的任务顺序编写，每个任务都包括"课堂同步""课后巩固"和"任务拓展"等环节。本书供技工院校 3D 打印技术应用专业教学使用，也可作为职业培训用书，或供从事相关工作的有关人员参考。

本书由田喆任主编，王继武、孙莉铭、高杨、张效梁参加编写，朱凤波、朱晓亮任主审。

图书在版编目（CIP）数据

3D 打印产品后处理：学生用书 / 田喆主编. -- 北京：中国劳动社会保障出版社，2021

全国技工院校 3D 打印技术应用专业. 中/高级技能层级

ISBN 978-7-5167-5188-6

Ⅰ.①3… Ⅱ.①田… Ⅲ.①快速成型技术 – 技工学校 – 教材 Ⅳ.①TB4

中国版本图书馆 CIP 数据核字（2021）第 242074 号

中国劳动社会保障出版社出版发行

（北京市惠新东街 1 号　邮政编码：100029）

*

三河市华骏印务包装有限公司印刷装订　新华书店经销

787 毫米 ×1092 毫米　16 开本　6.75 印张　142 千字
2021 年 12 月第 1 版　　2021 年 12 月第 1 次印刷
定价：**16.00 元**

读者服务部电话：（010）64929211/84209101/64921644

营销中心电话：（010）64962347

出版社网址：http://www.class.com.cn

http://jg.class.com.cn

目录
CONTENTS

FDM 打印产品的打磨及抛光

 课堂同步

一、任务准备

1. 观察图 1-1 所示挖掘机挖斗的模型，明确本项目的学习内容，将本项目需要完成的操作内容记录下来。

图 1-1　挖掘机挖斗的模型

2. 根据任务要求提前准备相应的模型、工具、材料、设备和劳动保护用品等，并将领到的物品分类后填入表 1-1 中。

▼ 表 1-1　工具、材料、设备和劳动保护用品清单

序号	类别	准备内容
1	工具	
2	材料	
3	设备	
4	劳动保护用品	

二、模型打磨及抛光前准备

1. 打磨及抛光环境

在打磨及抛光开始前，应先检查操作环境是否符合打磨及抛光的要求，在表 1-2 中符合要求的类别后面打"√"。

▼ 表 1-2　打磨及抛光环境要求检查单

序号	类别	是否符合
1	检查操作环境照明情况，打磨及抛光环境要求宽敞、明亮	☐
2	打磨及抛光物品要分类放置，防止被刃具割伤	☐
3	打磨前应开启通风和除尘装置，穿戴好个人防护用品	☐
4	打磨现场无明火，无易燃、易爆物品，禁止吸烟	☐
5	如使用机械打磨，应检查设备安全情况和保护装置	☐

2. 个人防护用品

在打磨及抛光过程中，打磨及抛光产生的粉尘会扩散到环境中，操作者吸入粉尘会对身体造成一定的危害，因此，在打磨及抛光过程中操作者必须正确佩戴个人防护用品。请对照表 1-3 的图示正确佩戴个人防护用品，每完成一步在相应的操作步骤后面打"√"。

▼ 表 1-3　个人防护用品佩戴检查单

序号	图示	操作步骤	完成情况
1		面向口罩内侧，双手各持一侧耳带，使金属鼻夹位于上方	☐
2		用口罩抵住下颌，并使口罩紧贴面部	☐

续表

序号	图示	操作步骤	完成情况
3		将耳带拉至耳后，并调整至舒适的位置	☐
4		按压金属鼻夹，使口罩与面部贴合，检查口罩的密闭性	☐
5		戴好护目镜。护目镜在使用中应注意轻拿轻放，防止镜架损坏和镜片磨损	☐
6		戴好丁腈手套。丁腈手套有一定的抗静电能力，可防止手部沾染粉尘，在佩戴和使用时切勿大力拉扯	☐

三、模型的打磨及抛光

1. 去除支撑结构

准备好去除支撑结构所用的工具和材料，穿戴好个人防护用品，按照表 1-4 的图示和操作提示完成模型的预处理操作，并根据图示补全操作内容，每完成一步在相应的操作提示后面打"√"。

▼ 表 1-4　去除支撑结构检查单

序号	图示	操作提示	完成情况
1		1. 打印结束后，拆下_____ 2. 将多孔板放在打印平台上，一只手_____，另一只手轻轻_____产品 3. 把多孔板放回_____上，确保加热板上的螺钉全部进入多孔板的孔洞中 4. 清理_____，做好设备"6S"管理工作	□
2		1. 剪除支撑结构前，应仔细_____ ____产品实物与三维模型数据，避免_____ 2. 剪除支撑结构时，应拿稳产品，以防剪钳打滑，_____ 3. 对于大平面的支撑结构，先从_____剪起，再慢慢剥落整片支撑结构 4. 对于挖斗内部深槽处的支撑结构，选用_____剪钳，先将多个位置剪松，再从边上连根拔起 5. 最后使用剪钳将小面积的支撑结构和_____依次清除	□

续表

序号	图示	操作提示	完成情况
3		1. 将雕刻笔刀刀刃压在产品表面，刀刃朝＿＿＿＿＿，沿平行于表面的方向修整产品毛刺 2. 注意刀锋应压在毛刺根部，禁止＿＿＿＿＿＿＿＿＿＿＿，防止误伤产品和操作者	☐

2. 锉削加工

准备好锉削所用的工具和材料，穿戴好个人防护用品，按照表 1-5 的图示和操作提示完成模型的锉削加工，并根据图示补全操作内容，每完成一步在相应的操作提示后面打"√"。

▼ 表 1-5　锉削加工检查单

序号	图示	操作提示	完成情况
1		此步骤为锉削＿＿＿＿＿＿，锉削时锉刀与表面＿＿＿＿＿＿，用力均匀平推，不能＿＿＿＿＿＿。锉刀向前运动时，还要有＿＿＿＿＿＿＿＿＿才能切削产品，返回时应悬空＿＿＿＿＿＿＿＿＿＿	☐
2		此步骤为锉削＿＿＿＿＿＿＿，锉削时锉刀顺着圆弧面＿＿＿＿＿＿，同时绕圆弧面＿＿＿＿＿转动，保证锉出圆弧形状	☐

续表

序号	图示	操作提示	完成情况
3		1. 选用 6 in 扁锉修整_____ 2. 边锉削边用毛刷_____产品表面，仔细观察产品表面，避免_____	☐
4	圆锉 平锉 方锉	1. 整形锉的断面形状应当根据_____来选择，使两者的形状_____ 2. 用圆锉锉削_____，平锉锉削_____，方锉锉削_____，三角锉锉削_____ 3. 锉削到最佳状态时，作用在锉刀上的力要_____，使锉削面的锉痕_____	☐

续表

序号	图示	操作提示	完成情况
5		1. 使用椭圆锉锉削相邻面的棱角或_____ 2. 整个锉削过程都需要一边锉削一边用毛刷_____ 3. 最后整体观察产品，保证锉削_____，没有凸凹点，锉削工作即可结束	☐

3. 用砂纸打磨

准备好打磨所用的工具和材料，穿戴好个人防护用品，按照表 1-6 的图示和操作提示用砂纸打磨模型，并根据图示补全操作内容，每完成一步在相应的操作提示后面打"√"。

▼ 表 1-6　用砂纸打磨检查单

序号	图示	操作提示	完成情况
1		使用 320 目砂纸打磨_____ _____时，可以将砂纸放在_____上进行操作	☐
2		使用 320 目砂纸打磨_____时，产品要_____圆弧面往前推，用力要_____	☐

续表

序号	图示	操作提示	完成情况
3		在打磨过程中，可以将砂纸用双面胶_____在_____上进行打磨	☐
4		打磨产品_____特别是内壁棱角处时，要边打磨边仔细观察	☐
5		打磨产品_____时，打磨棒在往前推的过程中要左右移动，并沿着内圆弧面转动	☐
6		也可以将砂纸裁剪成小块进行_____打磨，直到表面的_____一致	☐
7		用 600 目的砂纸打磨 320 目砂纸留下的_____，直到产品表面的_____一致	☐

续表

序号	图示	操作提示	完成情况
8		1. 此操作为_____，操作前应穿好_____，戴_____等 2. 喷涂前应_____1~2 min，先试喷再_____，喷涂距离约为_____cm。边喷边观察，保证产品表面被_____ 3. 喷涂结束后，自然干燥_____min	☐
9		1. 仔细观察产品，找到缺陷部位，使用_____填补缺陷 2. 将牙膏补土挤在_____上，依次对产品表面的_____或_____进行填补 3. 填补后干燥时间约为_____min 4. 待牙膏补土_____再进行打磨	☐
10		依次选择_____砂纸进行打磨。打磨方法与用砂纸粗打磨类似，使用_____砂纸打磨掉前一型号砂纸的_____，直到表面的打磨纹路一致，最后选用_____砂纸进行打磨	☐
11		此步骤是使用_____打磨曲面，它适用于_____，干磨、湿磨均可，可清洗后重复使用	☐

续表

序号	图示	操作提示	完成情况
12		1. 再次喷涂_____，检查产品表面是否有缺陷 2. 若没有缺陷，整体打磨工作结束，可以进行后续工艺，如上色等	☐

4. 场地清扫

在打磨及抛光过程中难免会对场地周边环境造成影响，请参照表 1-7 清扫场地，每完成一步在相应的类别后面打"√"。

▼ 表 1-7　打磨及抛光场地清扫检查单

序号	清扫类别	完成情况
1	对场地进行通风，清理与擦拭打磨及抛光设备	☐
2	清理场地，擦拭打磨工具	☐
3	将打磨工具按要求归类放置	☐
4	按要求放置个人防护用品，丢弃打磨及抛光垃圾	☐

四、产品检验与缺陷处理

1. 产品检验

完成模型的打磨及抛光和实训场地的清理工作后，对照表 1-8 检查模型的打磨及抛光质量和安全文明生产情况，并为自己的模型打分。

▼ 表 1-8　模型打磨及抛光质量检查表

序号	检查内容	检查标准	配分	得分
1	去除支撑结构	能较好地去除支撑结构，支撑部位无缺陷	10	
2	去除基底层	能较好地去除基底层，基底层和模型之间无缺陷	10	
3	打磨和锉削痕迹	处理后的模型无打磨和锉削痕迹	15	

续表

序号	检查内容	检查标准	配分	得分
4	模型变形和塌陷情况	模型各平面打磨良好，无变形、塌陷情况	15	
5	尺寸	模型尺寸在公差要求范围内	30	
6	环境保护	打磨及抛光后能正确清理工具和场地，打磨及抛光中能注意个人防护和环境保护	10	
7	物料保管	打磨及抛光前能正确取用物料，打磨及抛光后能正确保管及储存物料	10	
总分			100	

2. 产品缺陷分析

对照表 1-9 的图示检查打磨及抛光后的模型是否存在与图示中相同的缺陷，并填写此种缺陷的产生原因和预防方法。

▼ 表 1-9　打磨及抛光缺陷产生原因和预防方法

名称	图示	产生原因	预防方法
打磨残留			
打磨痕迹			

五、总结与评价

完成模型的打磨及抛光后，本项目的学习即将结束，请对照表1-10所列评价要点为自己打分，并将结果填入表中。

▼ 表1-10　任务评价表

序号	评价要点	配分	得分
1	了解3D打印产品打磨及抛光的概念和分类	6	
2	了解常见打磨及抛光的处理方式	6	
3	了解各种3D打印产品打磨及抛光的工艺流程	6	
4	能熟练使用打磨及抛光工具和设备	8	
5	能熟练穿戴个人防护用品	8	
6	能独立完成打磨及抛光前的取件、去除支撑结构工作	8	
7	能独立完成3D打印产品的打磨及抛光工作	12	
8	能对打磨及抛光的产品进行检验和缺陷修复	8	
9	能正确清理场地，处理垃圾	8	
10	有安全意识和责任意识	6	
11	积极参加学习活动，能按时完成各项任务	6	
12	团队合作意识强，善于与人交流和沟通	6	
13	自觉遵守劳动纪律，不迟到，不早退，中途不随意离开实训场地	6	
14	严格遵守"6S"管理要求	6	
	总分	100	

 **课后巩固**

一、填空题

1. 打磨是指借助＿＿＿＿＿＿的物体通过摩擦改变材料＿＿＿＿＿＿＿＿＿＿的一种加工方法。

2. 打磨的主要目的是降低零件＿＿＿＿＿＿＿，提高其＿＿＿＿＿＿和＿＿＿＿＿。

抛光的主要目的是进一步降低零件＿＿＿＿＿＿＿＿＿＿，增加＿＿＿＿＿＿＿＿。

3. 锉刀是钢制条状的、表面布满＿＿＿＿＿＿＿、用于锉光＿＿＿＿＿＿＿＿的钳工工具。

4. 依据在打磨过程中是否需要蘸水来区分，砂纸分为＿＿＿＿＿＿＿和＿＿＿＿＿＿两大类。

5. 手持式电动打磨笔可配套不同的打磨头，打磨头种类有＿＿＿＿＿＿＿＿＿＿＿、＿＿＿＿＿＿＿＿＿＿＿＿＿＿＿＿、＿＿＿＿＿＿＿＿＿＿＿和羊毛抛光轮等。

6. 研磨剂是由＿＿＿＿＿＿、＿＿＿＿＿＿＿和＿＿＿＿＿＿＿＿制成的混合剂。

7. 研磨剂和抛光剂都是应用于＿＿＿＿＿＿＿＿＿＿＿的抛光材料，主要用以降低零件的＿＿＿＿＿＿＿＿＿＿。

8. 手持式气动打磨笔与电动打磨笔相比，其体积小巧，＿＿＿＿＿＿＿＿，振动更小，＿＿＿＿＿＿＿＿＿＿。

9. 砂带机可以更换多种不同目数的＿＿＿＿＿＿，用于打磨＿＿＿＿＿＿的材料。

10. 使用振动抛光机进行抛光时，常用的抛光介质有＿＿＿＿＿、＿＿＿＿＿＿、＿＿＿＿＿＿、＿＿＿＿＿＿、＿＿＿＿＿＿＿等。

11. 锉削时应按照＿＿＿＿＿＿＿＿＿、＿＿＿＿＿＿＿＿＿、＿＿＿＿＿＿＿的原则安排加工步骤。

12. 锉削平面时常使用＿＿＿＿＿＿＿＿、＿＿＿＿＿＿＿＿＿和＿＿＿＿＿＿进行加工。

13. 根据产品表面现状选取型号合适的＿＿＿＿＿＿＿。应先选择＿＿＿＿＿＿＿＿＿，将打印产品表面大致打磨平整，再选择＿＿＿＿＿＿＿＿＿＿进行精修。

二、判断题

1. 打磨及抛光的原理和操作步骤大致相同，都作用于产品的成形面。（　　）

2. 抛光既可以提高零件的尺寸精度，也可以降低表面粗糙度。（　　）

3. 整形锉主要用于修整零件上的细小部分，是 3D 打印产品后处理中的常用工具。
（　　）

4. 砂纸有多种型号，标注的号码越大，砂纸上的磨粒越细。（　　）

5. 海绵砂纸可吸水，能保持长时间带水研磨，可以任意弯曲，实现弹性打磨，不易损伤零件。
（　　）

6. 抛光通常既能降低零件的表面粗糙度，也能改变尺寸精度和形状精度。（　　）

7. 使用尼龙抛光轮抛光时，因其自身含有磨料，一般不使用抛光膏。（　　）

8. 砂带机在安装好砂带后，可直接开机使用，无须调平操作。（　　）

9. 手工打磨及抛光的加工质量主要依赖操作者的技术水平，劳动强度比较大，效率比较低。
（　　）

10. 剪钳在使用过程中不可暴力操作，应避免大力捏握剪钳，严禁锤击剪钳或用剪钳砸

击它物。 （　　）

11. 锉削时，锉刀应与被锉削面呈贴合状态，不能上下翘动，锉刀向后运动为切削。
（　　）

12. 虽然砂纸打磨的加工效率一般，但使用高型号砂纸可获得较高的表面质量。（　　）

13. 采用干磨砂纸打磨产品表面时，可边蘸水边打磨，也可以将产品放在水池中打磨。
（　　）

三、选择题

1. 打磨及抛光通常不能改善零件的（　　）。

A. 尺寸精度　　　　　　B. 表面质量　　　　　　C. 位置精度

2. 3D 打印机在打印产品的第一层时，会在产品与设备平台之间先打印一部分连接体，这个连接体叫作（　　）。

A. 支撑层　　　　　B. 基底层　　　　　C. 零层　　　　　D. 定位层

3. 下列选项中（　　）不是机械打磨及抛光的特点。

A. 打磨均匀　　　　　　　　　　　B. 劳动强度低

C. 打磨效率高　　　　　　　　　　D. 细节打磨不到位

4. 对于表面残余量较多（余量≥1 mm）的 3D 打印产品可以采用（　　）。

A. 砂纸打磨　　　　B. 研磨加工　　　　C. 锉削加工　　　　D. 锯削加工

5. 如要对锉刀上的碎屑进行清除，下列选项中不合适的方法是（　　）。

A. 轻敲锉刀　　　　B. 用毛刷刷除　　　　C. 用棉纱擦除　　　　D. 用手擦除

四、简答题

1. 简述打磨及抛光常用的工具和材料。

2. 简述 FDM 打印产品的打磨工艺流程。

3.打磨及抛光的区别是什么？

4.简述用砂纸打磨的操作方法。

 任务拓展

一、任务要求

3D 打印烟灰缸模型如图 1-2b 所示，要求去除其支撑结构和基底层，将模型表面打磨光滑，使其无明显台阶，模型各部分尺寸达到图 1-2a 所示图样要求，处理后的模型不得有打磨缺陷。

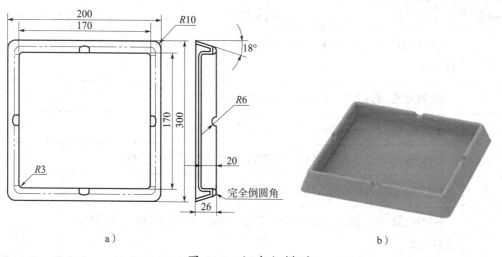

a）　　　　　　　　　　　　　　　b）

图 1-2　烟灰缸模型

二、任务准备

根据任务要求提前准备相应的工具、材料、设备和劳动保护用品等，并将准备好的相关物品分类后填入表 1-11 中。

▼ 表 1-11　工具、材料、设备和劳动保护用品清单

序号	类别	准备内容
1	工具	
2	材料	
3	设备	
4	劳动保护用品	

三、烟灰缸模型的打磨及抛光

穿戴好个人防护用品，按照表 1-12 所列的操作步骤完成烟灰缸模型的打磨及抛光工作。操作时需注意个人防护和环境保护，并听从指导教师的安排，每完成一步在相应的操作步骤后面打"√"。

▼ 表 1-12　打磨及抛光流程表

序号	操作步骤	完成情况
1	取下模型，使用剪钳和雕刻笔刀去除支撑结构和基底层，检查模型是否有打印缺陷	☐
2	测量模型各部分尺寸，确定打磨及抛光余量	☐
3	使用锉刀快速打磨掉模型余量，并预留精加工余量	☐
4	使用水磨砂纸或干磨砂纸打磨模型表面，并按图样要求保证尺寸	☐
5	给打磨完成的模型喷涂水补土，检查打磨质量	☐
6	对打磨场地进行通风，清理工具、设备、场地，并按要求归类放置物品，丢弃垃圾	☐

四、产品检验

完成模型的打磨及抛光和实训场地的清理工作后，对照表 1-13 检查模型的打磨及抛光质量和安全文明生产情况，并为自己的模型打分。

▼ 表 1-13　打磨及抛光质量检查表

序号	检查内容	检查标准	配分	得分
1	去除支撑结构	能较好地去除支撑结构，支撑部位无缺陷	10	
2	去除基底层	能较好地去除基底层，基底层和模型之间无缺陷	10	
3	打磨和锉削痕迹	模型无打磨和锉削痕迹	15	
4	模型变形和塌陷情况	模型各平面打磨良好，无变形、塌陷情况	15	
5	尺寸	模型尺寸在公差要求范围内	30	
6	环境保护	打磨及抛光后能正确清理工具和场地，打磨及抛光中能注意个人防护和环境保护	10	
7	物料保管	打磨及抛光前能正确取用物料，打磨及抛光后能正确保管及储存物料	10	
	总分		100	

SLA 打印产品的清洗

 课堂同步

一、任务准备

1. 观察图 2-1 所示挖掘机零件的模型，明确本项目的学习内容，将本项目需要完成的操作内容记录下来。

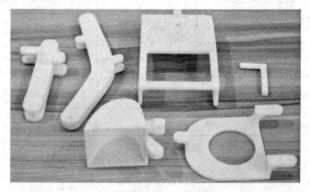

图 2-1　挖掘机零件的模型

2. 根据任务要求提前准备相应的模型、工具、材料、设备和劳动保护用品等，并将领到的物品分类后填入表 2-1 中。

▼ 表 2-1　工具、材料、设备和劳动保护用品清单

序号	类别	准备内容
1	工具	
2	材料	
3	设备	
4	劳动保护用品	

二、模型清洗前准备

1. 清洗环境

在清洗开始前，应先检查操作环境是否符合清洗的要求，在表 2-2 中符合要求的类别后面打"√"。

▼ 表 2-2　清洗环境要求检查单

序号	类别	是否符合
1	检查操作环境照明情况，清洗环境要求宽敞、明亮	☐
2	清洗物品要分类放置，防止损伤未完全固化的零件	☐
3	清洗前应开启通风装置，穿戴好个人防护用品	☐
4	清洗现场禁止明火，并配备消防器材	☐
5	如使用超声波清洗机，使用前应检查设备安全情况	☐
6	配备废液储放装置	☐

2. 个人防护用品

在清洗过程中，清洗液产生的挥发气体会扩散到环境中，操作者吸入挥发气体会对身体造成一定的危害，因此，在清洗过程中操作者必须正确佩戴个人防护用品。请对照表 2-3正确佩戴个人防护用品，每完成一步在相应的操作步骤后面打"√"。

▼ 表 2-3　个人防护用品佩戴检查单

序号	操作步骤	完成情况
1	面向口罩内侧，双手各持一侧耳带，使金属鼻夹位于上方	☐
2	用口罩抵住下颌，并使口罩紧贴面部	☐
3	将耳带拉至耳后，并调整至舒适的位置	☐
4	按压金属鼻夹，使口罩与面部贴合，检查口罩的密闭性	☐
5	戴好护目镜。护目镜在使用中应注意轻拿轻放，防止镜架损坏和镜片磨损	☐
6	戴好丁腈手套。丁腈手套有较好的抗溶剂能力，可防止手部沾染粉尘和清洗液，在佩戴和使用时切勿大力拉扯	☐

三、SLA 打印模型的清洗及二次固化

1. 取件和去除支撑结构

　　准备好取件和去除支撑结构所用的工具和材料，穿戴好个人防护用品，按照表 2-4 的图示和操作提示完成模型的预处理操作，并根据图示补全操作内容，每完成一步在相应的操作提示后面打 "√"。

▼ 表 2-4　取件和去除支撑结构检查单

序号	图示	操作提示	完成情况
1		准备不锈钢托盘、手套、护目镜、口罩、铲刀、剪钳、镊子、毛刷、酒精、喷壶和工业擦拭纸等	□
2		此步骤操作为_____，一只手扶住_____，另一只手拿_____，铲刀刀刃紧贴打印平台，铲刀倾斜一定角度，将支撑结构、模型和打印平台分离，拿起模型让_____滴落，然后将模型放置于托盘中	□
3		用铲刀_____，然后用镊子捡起掉落在打印平台上的支撑结构，用工业擦拭纸清洁打印平台	□

续表

序号	图示	操作提示	完成情况
4		拿起模型，观察模型的形状和支撑结构的位置，根据模型形状，选择合适的方法去除支撑结构。模型表面为平面时选择_____；表面是曲面则采用_____；在狭小或较深的模型内部，则用_____夹取剩余的支撑结构	□
5		使用喷壶将酒精喷洒在工具表面，然后用_____将其擦拭干净，放回工具存放处	□

2. 清洗

准备好模型清洗所用的工具和材料，穿戴好个人防护用品，按照表 2-5 的图示和操作提示完成模型的手工清洗和超声波清洗操作，并根据图示补全操作内容，每完成一步在相应的操作提示后面打"√"。

▼ 表 2-5　清洗检查单

序号	图示	操作提示	完成情况
1		准备两个装酒精的容器、已去除支撑结构的 SLA 打印产品、手套、护目镜、口罩、镊子、毛刷、酒精、喷壶和工业擦拭纸等	□

续表

序号	图示	操作提示	完成情况
2		粗清洗时，在容器内注入酒精，以能浸泡模型为宜，用毛刷_____各表面 5～10 次，擦拭干净	□
3		精清洗时，在新容器内注入酒精，以能浸泡模型为宜，用毛刷反复刷洗_____5～10 次，擦拭干净	□
4		准备超声波清洗机，超声波清洗机主要用于清洗_____以及手工清洗无法完成的部位	□
5		调整设备参数，将清洗时间设置为10 min	□
6		超声波清洗也需要先_____，在容器内注入酒精，用_____反复刷洗各表面 5～10 次，擦拭干净	□

续表

序号	图示	操作提示	完成情况
7		在清洗槽注入酒精，以能浸没模型为宜，启动超声波清洗机。模型较大时需要_____	□
8		使用酒精刷洗工具后，将超声波清洗机内的酒精排入酒精瓶，将酒精瓶放置在_____中。废料应放入专用的存放箱	□

3. 二次固化

准备好紫外线固化箱，穿戴好个人防护用品，按照表 2-6 的图示和操作提示完成模型的二次固化操作，并根据图示补全操作内容，每完成一步在相应的操作提示后面打"√"。

▼ 表 2-6　二次固化检查单

序号	图示	操作提示	完成情况
1		准备_____，主要用于对光敏树脂成形模型进行_____	□
2		设置紫外线固化时间为 20 min，设置转盘旋转速度为中速	□

续表

序号	图示	操作提示	完成情况
3		将模型放置在_____中央，启动紫外线固化箱	☐
4		检查紫外线灯管，关闭电源，使用酒精擦拭转盘上残留的_____	☐

4. 场地清扫

模型的清洗及二次固化工作已经完成，在清洗及二次固化过程中难免会对场地周边环境造成影响，请参照表 2-7 清扫场地，每完成一步在相应的类别后面打"√"。

▼ 表 2-7　清洗及二次固化场地清扫检查单

序号	清扫类别	完成情况
1	对场地进行通风，清理与擦拭清洗及二次固化设备	☐
2	清理场地，擦拭工具	☐
3	将清洗工具和清洗液按要求归类放置	☐
4	按要求放置个人防护用品，丢弃清洗产生的垃圾	☐

四、产品检验与缺陷处理

1. 产品检验

完成 SLA 打印模型的清洗和实训场地的清理工作后，对照表 2-8 检查模型的清洗质量和安全文明生产情况，并为自己的模型清洗效果打分。

▼ 表 2-8　模型清洗及二次固化质量检查表

序号	检查内容	检查标准	配分	得分
1	取下模型	能完整地取下模型，清理打印平台	10	
2	去除支撑结构	能较好地去除支撑结构，去除支撑部位无缺陷	10	
3	手工清洗	能完成模型的手工清洗操作	20	
4	超声波清洗	能使用超声波清洗机完成模型的清洗操作	20	
5	二次固化	能完成模型的二次固化操作	15	
6	环境保护	清洗后能正确清理工具和场地，清洗过程中能注意个人防护、安全操作和环境保护	15	
7	物料保管	能正确取用物料，清洗后能按要求保管及储存物料	10	
	总分		100	

2. 产品缺陷分析

对照表 2-9 的图示检查清洗后的模型是否存在与图示中相同的缺陷，并填写此种缺陷的产生原因和预防方法。

▼ 表 2-9　清洗缺陷产生原因和预防方法

名称	图示	产生原因	预防方法
表面有黏液			

五、总结与评价

完成 SLA 打印模型的清洗后，本项目的学习即将结束，请对照表 2-10 所列评价要点为自己打分，并将结果填入表中。

▼ 表 2-10　任务评价表

序号	评价要点	配分	得分
1	了解 3D 打印产品清洗的概念和分类	6	
2	了解常见模型清洗的处理方式	6	
3	了解各种 3D 打印产品清洗的工艺流程	6	
4	能熟练使用清洗工具和设备	8	
5	能熟练穿戴个人防护用品	6	
6	能独立完成清洗前的取件、去除支撑结构工作	6	
7	能独立完成 SLA 打印产品的清洗工作	8	
8	能独立完成 SLA 打印产品的二次固化工作	8	
9	能对产品进行检验和缺陷分析	8	
10	能正确清理场地，处理垃圾，保管物品	8	
11	有安全意识和责任意识	6	
12	积极参加学习活动，能按时完成各项任务	6	
13	团队合作意识强，善于与人交流和沟通	6	
14	自觉遵守劳动纪律，不迟到，不早退，中途不随意离开实训场地	6	
15	严格遵守"6S"管理要求	6	
	总分	100	

 **课后巩固**

一、填空题

1. 所有打印产品都需要进行＿＿＿＿＿＿，SLA、LCD 和 DLP 打印成形的产品因表面附着＿＿＿＿＿，需要在打磨及抛光前进行＿＿＿＿＿。

2. 3D 打印产品清洗就是利用＿＿＿＿＿＿＿＿＿＿＿＿等介质，对 3D 打印产品表面的＿＿＿＿、＿＿＿＿、＿＿＿＿和＿＿＿＿进行分离的过程。

3. FDM 打印产品在打磨后，表面存有＿＿＿＿＿＿＿＿，可采用清水进行＿＿＿＿＿。

4. SLA 打印产品在打印完成后，表面会附着一层_____，可采用_____进行清洗。

5. 根据清洗时使用的介质不同，3D 打印产品的清洗方法包括_____、_____、_____。

6. 压缩空气清洗法主要应用于 3D 打印产品_____的清洗，同时也可以利用高速流动的气体使成形产品的表面_____。

7. SLA 打印完成后，打印平台会_____，这时在打印产品表面附着了很多_____，需要等待_____ min 左右，让光敏树脂自动掉落一部分。

8. SLA 打印产品的支撑结构与产品的连接较松散，可以用_____、_____、_____、_____将其去除。

9. 在手工清洗 SLA 打印产品时，通常采用_____和_____相结合的方法。

10. SLA 打印完成的产品需要用_____进行照射，使产品_____。

二、判断题

1. 3D 打印成形后的产品表面常附着有黏液，需要在打磨及抛光前进行清洗。　　（　　）

2. 所有打印成形产品都需要进行清洗。　　（　　）

3. SLA 打印产品打印完成后，表面会附着一层光敏树脂，可使用清水对其进行清洗。
　　（　　）

4. FDM 打印产品可用清水进行清洗，冲洗后的产品要进行干燥处理。　　（　　）

5. 酒精主要用于 SLA 打印产品的清洗。　　（　　）

6. 使用超声波清洗机可以清洗较难清理的结构和内部。　　（　　）

7. 乙醇俗称酒精，常温、常压下是一种易燃、易挥发的无色透明液体，其蒸气能与空气形成爆炸性混合物。　　（　　）

8. 在使用酒精清洗 SLA 打印产品时，现场不出现明火即可，无须配备消防器材。（　　）

9. SLA 打印完成的产品无须清洗，可直接用紫外线进行二次固化。　　（　　）

三、选择题

1. SLA 打印产品打印完成后，应使用（　　）进行清洗。

A. 清水　　　　　　　B. 压缩空气　　　　　　C. 酒精　　　　　　　D. 丙酮

2. FDM 打印产品打磨及抛光完成后，可使用（　　）进行清洗。

A. 清水　　　　　　　B. 丙酮　　　　　　　　C. 酒精　　　　　　　D. 稀盐酸

3. 对于结构简单的 SLA 打印产品，可使用（　　）快速去除支撑结构。

A. 剪钳　　　　　　　B. 锉刀　　　　　　　　C. 电动工具　　　　　D. 手工

4. 在取件和清理打印平台时，常用的工具是（　　）。

A. 剪钳　　　　　　　B. 锉刀　　　　　　　　C. 电动工具　　　　　D. 铲刀

5. SLA 打印完成的产品需要用（　　　）进行照射，使产品二次固化。

A. 自然光 　　　　　B. 激光 　　　　　C. 紫外线 　　　　　D. 红外线

四、简答题

1. 简述酒精保存的注意事项。

2. 简述 SLA 打印机平台清理注意事项。

3. 为什么要对 SLA 打印成形的产品进行二次固化？

4. 清洗后的废液应如何处理？

5. 简述 SLA 打印产品二次固化操作注意事项。

 任务拓展

一、任务要求

3D 打印花洒头模型的渲染图如图 2-2 所示，要求去除其支撑结构，将模型清洗干净并进行二次固化，去除支撑结构后的模型不能有明显损伤，清洗后的模型表面无残留，二次固化后的模型不能有结构变形。

厚度为2

图 2-2　花洒头模型

二、任务准备

根据任务要求提前准备相应的工具、材料、设备和劳动保护用品等，并将准备好的相关物品分类后填入表 2-11 中。

▼ 表 2-11　工具、材料、设备和劳动保护用品清单

序号	类别	准备内容
1	工具	
2	材料	
3	设备	
4	劳动保护用品	

三、花洒头模型的清洗及二次固化

穿戴好个人防护用品，按照表 2-12 所列的操作步骤完成花洒头模型的清洗及二次固化工作。操作时需注意个人防护和环境保护，并听从指导教师的安排，每完成一步在相应的操作步骤后面打"√"。

▼ 表 2-12　清洗及二次固化流程表

序号	操作步骤	完成情况
1	取下模型，使用剪钳和雕刻笔刀去除支撑结构，检查模型是否有打印缺陷	☐
2	穿戴好个人防护用品，手工清洗模型	☐
3	使用超声波清洗机清洗模型的内部结构，并进行干燥处理	☐
4	将模型放入紫外线固化箱进行二次固化	☐
5	检查清洗及二次固化质量	☐
6	对场地进行通风，清理工具、设备、场地，并按要求归类放置物品，丢弃垃圾	☐

四、产品检验

完成模型的清洗、二次固化和实训场地的清理工作后，对照表 2-13 检查模型的清洗及二次固化质量和安全文明生产情况，并为自己的模型打分。

▼ 表 2-13　清洗及二次固化质量检查表

序号	检查内容	检查标准	配分	得分
1	取下模型	能完整地取下模型，清理打印平台	10	
2	去除支撑结构	能较好地去除支撑结构，去除支撑部位无缺陷	10	
3	手工清洗	能完成模型的手工清洗操作	20	
4	超声波清洗	能使用超声波清洗机完成模型的清洗操作	20	
5	二次固化	能使用紫外线固化箱完成模型的二次固化操作	15	
6	环境保护	清洗后能正确清理工具和场地，清洗过程中能注意个人防护、安全操作和环境保护	15	
7	物料保管	能正确取用物料，清洗后能按要求保管及储存物料	10	
	总分		100	

3D 打印产品的上色

任务 1　3D 打印产品的自喷漆上色

课堂同步

一、任务准备

1. 观察图 3-1-1 所示挖掘机模型的渲染图，设计或结合教材图 3-1-1，对照标准色卡查询色号并记录下来，根据色号挑选自喷漆颜色，如果没有该色号的自喷漆，可用颜色相似的自喷漆替代。

图 3-1-1　挖掘机模型的渲染图

2. 根据任务要求提前准备相应的模型、工具、材料、设备和劳动保护用品等，并将领到的物品分类后填入表 3-1-1 中。

▼ 表 3-1-1　工具、材料、设备和劳动保护用品清单

序号	类别	准备内容
1	工具	
2	材料	

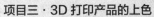

续表

序号	类别	准备内容
3	设备	
4	劳动保护用品	

二、模型喷涂前准备

1. 喷涂环境

检查喷涂环境是否符合涂覆上色的要求，在表 3-1-2 中符合要求的类别后面打"√"。

▼ 表 3-1-2　喷涂环境要求检查单

序号	类别	是否符合
1	检查操作环境照明情况，喷涂环境要求宽敞、明亮	☐
2	应装备水幕机或喷漆房，防止喷涂污染，保证涂层质量	☐
3	喷涂环境无明火，清理易燃、易爆物品，禁止吸烟	☐
4	喷涂人员应穿戴无纤维防护服和手套	☐
5	喷涂环境温度应控制为 15～30 ℃，湿度为 50%～70%	☐

如果没有专用喷涂设备和喷漆房，需要在户外完成喷涂操作，试总结在户外喷涂的注意事项。

2. 个人防护用品

在喷涂过程中，涂料颗粒通过气体雾化附着于被喷涂产品表面，但会有部分涂料颗粒扩散到环境中，操作者吸入或接触环境中的涂料颗粒会对身体造成危害，因此，在喷涂过程中操作者必须正确佩戴个人防护用品。请对照表 3-1-3 正确佩戴个人防护用品，每完成一步在相应的操作步骤后面打"√"。

▼ 表 3-1-3　个人防护用品佩戴检查单

序号	操作步骤	完成情况
1	面向口罩内侧，双手各持一侧耳带，使金属鼻夹位于上方	☐
2	用口罩抵住下颌，并使口罩紧贴面部	☐
3	将耳带拉至耳后，并调整至舒适的位置	☐
4	按压金属鼻夹，使口罩与面部贴合，检查口罩的密闭性	☐
5	戴好护目镜。护目镜使用中应注意轻拿轻放，防止镜架损坏和镜片磨损	☐
6	戴好丁腈手套。在佩戴和使用时注意不能大力拉扯，避免强力磨损	☐

三、模型自喷漆上色

1. 模型预处理

　　准备好相应的工具和材料，穿戴好个人防护用品，按照表 3-1-4 的图示和操作提示完成模型的预处理操作，并根据图示补全操作内容，每完成一步在相应的操作提示后面打"√"。

▼ 表 3-1-4　模型预处理检查单

序号	图示	操作提示	完成情况
1		检查模型的_____和零件尺寸，如有_____，应将模型处理至符合喷涂要求	☐
2		使用工业擦拭纸蘸取_____擦拭模型表面，去除模型表面的_____、_____、	☐

续表

序号	图示	操作提示	完成情况
3		按喷涂图例要求，使用_____遮盖住要喷涂的部位	☐
4		模型干燥后，用夹子夹持小零件，将其固定在_____上，以方便喷涂	☐

2. 模型喷涂

完成模型的预处理后即可开始喷涂，根据表 3-1-5 的图示和操作提示完成模型的喷涂操作，并根据图示补全操作内容，每完成一步在相应的操作提示后面打"√"。

▼ 表 3-1-5　模型喷涂检查单

序号	图示	操作提示	完成情况
1		自喷漆在使用前应_____，然后在纸张上进行_____，检查自喷漆颜色、气压和喷嘴状态	☐

续表

序号	图示	操作提示	完成情况
2		此步骤为＿＿＿＿＿＿＿＿＿。在喷涂小零件时，应手持＿＿＿＿＿＿＿或＿＿＿＿＿＿位置，喷涂完成后，把竹签插入泡沫板中使小零件干燥	□
3		此步骤为＿＿＿＿＿＿＿＿＿＿，涂料干燥前不得＿＿＿＿＿＿＿＿＿＿，干燥后须戴＿＿＿＿＿＿＿触摸和检查。底漆需＿＿＿＿＿＿＿＿基材，如有喷涂缺陷可使用＿＿＿＿＿进行打磨及修整，然后再次喷涂底漆，底漆一般喷涂＿＿＿＿＿＿次	□
4		此步骤为＿＿＿＿＿＿＿＿＿＿，喷涂前需＿＿＿＿＿＿＿＿＿，待底漆＿＿＿＿＿＿后再喷涂面漆，应采用薄喷和＿＿＿＿＿＿＿＿＿＿的方式，通常喷涂＿＿＿＿＿＿次就可完全遮盖底漆	□
5		每喷涂一层面漆，就应检查一次＿＿＿＿＿＿＿＿，如有＿＿＿＿＿＿＿＿应及时处理后再进行喷涂	□

续表

序号	图示	操作提示	完成情况
6		此步骤为_____，一般喷涂_____层，光油的喷涂必须在面漆_____后进行，是整个喷涂的_____	☐

3. 场地清扫

模型的喷涂工作已经完成，在喷涂过程中难免会对场地周边环境造成影响，请参照表 3-1-6 清扫场地，每完成一步在相应的类别后面打"√"。

▼ 表 3-1-6　喷涂场地清扫检查单

序号	清扫类别	完成情况
1	对场地进行通风，清理与擦拭喷涂辅助设备	☐
2	清理喷涂场地，擦拭喷涂工具	☐
3	将喷涂工具和自喷漆按要求归类放置	☐
4	按要求放置个人防护用品，丢弃喷涂垃圾	☐

四、产品检验与缺陷处理

1. 产品检验

完成模型的喷涂和实训场地的清理工作后，对照表 3-1-7 检查模型的喷涂质量和安全文明生产情况，并为自己的模型打分。

▼ 表 3-1-7　模型喷涂质量检查表

序号	检查内容	检查标准	配分	得分
1	遮盖胶带	遮盖胶带粘贴紧密，喷涂后无漏漆现象	10	
2	底漆质量	底漆喷涂良好，无细节遮盖，无喷涂缺陷	15	
3	打磨质量	无打磨缺陷、锉刀痕迹、零件尺寸错误	10	

续表

序号	检查内容	检查标准	配分	得分
4	面漆质量	面漆喷涂良好，无露底漆现象，无喷涂缺陷	15	
5	喷涂质量	模型整体喷涂良好，无喷涂缺陷	30	
6	环境保护	喷涂后能正确清理工具和场地，喷涂中能注意个人防护和环境保护	10	
7	物料保管	喷涂前能正确取用物料，喷涂后能正确保管及储存物料	10	
		总分	100	

2. 产品缺陷分析

对照表 3-1-8 的图示检查喷涂后的模型是否存在与图示中相同的缺陷，并填写此种缺陷的产生原因和预防方法。

▼ 表 3-1-8　喷涂缺陷产生原因和预防方法

名称	图示	产生原因	预防方法
流挂			
漆粒			

五、总结与评价

完成模型的喷涂后，本任务的学习即将结束，请对照表 3-1-9 所列评价要点为自己打分，并将结果填入表中。

▼ 表 3-1-9　任务评价表

序号	评价要点	配分	得分
1	了解 3D 打印产品上色的概念、用途和分类	6	
2	了解涂料的组成和 3D 打印产品上色常用涂料	6	
3	了解 3D 打印产品自喷漆上色的工艺流程	6	
4	能熟练使用自喷漆上色工具和设备	8	
5	能熟练穿戴个人防护用品	8	
6	能独立完成喷涂前的预处理工作	8	
7	能独立完成 3D 打印产品的自喷漆上色工作	12	
8	能对自喷漆上色产品进行检验和缺陷修复	8	
9	能正确清理喷涂场地，处理喷涂垃圾	8	
10	安全意识和责任意识强	6	
11	积极参加学习活动，能按时完成各项任务	6	
12	团队合作意识强，善于与人交流和沟通	6	
13	自觉遵守劳动纪律，不迟到，不早退，中途不随意离开实训场地	6	
14	严格遵守"6S"管理要求	6	
	总分	100	

 课后巩固

一、填空题

1. 上色是指用＿＿＿＿＿＿＿＿＿＿＿＿方法改变物质本身的＿＿＿＿＿＿而使其上色的技术手段。

2. 改变物品的颜色除了能够获得较好的＿＿＿＿＿＿＿外，还可以用来＿＿＿＿＿＿＿和表达一定的含义。

3. 3D 打印产品的后处理上色分为_____、_____和_____三大类。

4. 电镀通常用于对银、不锈钢、铜等_____制成的 3D 打印产品进行上色。

5. 涂覆上色是指在零件表面_____以改变其颜色的方法，常用的有_____、_____、_____等方法。

6. 涂料通常以_____、_____、_____为主，用_____或_____配制而成。

7. 涂料主要由_____、颜料、_____、固化剂和助剂等组成。

8. 喷涂上色是通过_____或_____，借助压力或离心力将_____均匀覆盖于零件表面的涂装方法。

9. 常用的上色辅助设备有_____、_____和_____。

10. 喷涂常用的个人防护用品有_____、_____和_____。

11. 产品在喷涂前需要进行一些预处理，以方便其上色，使涂膜_____，增加涂膜的_____，防止出现_____。

12. 采用自喷漆上色时，经常会遇到_____和_____两种问题。

二、判断题

1. 3D 打印成形的产品通常为单一的颜色，颜色处理主要还是通过后处理上色来实现的。　　　　　　　　　　　　　　　　　　　　　　　　　（　　）

2. 常规浸涂上色一般适用于小零件，并不适合大型零件的上色处理。　（　　）

3. 涂覆前，待上色零件表面封闭、无缺陷即可，无须进行除油和除尘处理。（　　）

4. 自喷漆上色广泛用于各种金属、木材、塑料、玻璃等材料的涂装。（　　）

5. 自喷漆上色前无须摇匀漆液，直接喷涂即可。　　　　　　　　　（　　）

6. 喷涂前对模型表面进行打磨，可减小台阶效应，避免后期上色遮盖不足。（　　）

7. 喷涂光油只能使漆面形成高光效果，并不能延长漆面使用寿命。（　　）

8. 若没有喷涂防护设备，可不穿戴个人防护用品，在户外进行喷涂操作。（　　）

9. 在场地清理和模型擦拭过程中，蘸有酒精和溶剂的工业擦拭纸可直接丢弃进普通垃圾桶。　　　　　　　　　　　　　　　　　　　　　　　　　　（　　）

三、选择题

1. 在工业用色中，红色通常用于（　　），橙色通常用于（　　），黄色通常用于（　　），绿色通常用于（　　）。

　　A. 警告、禁止、防火　　　　　　　　　B. 缓解眼疲劳

　　C. 警告和提醒　　　　　　　　　　　　D. 警戒

2. 下列选项中不属于刷涂优点的是（　　　）。

A. 工具简单

B. 操作灵活

C. 应用广泛

D. 适合大批量生产

3. 自喷漆即气雾漆，下列选项中不属于自喷漆特点的是（　　　）。

A. 色彩丰富艳丽

B. 操作灵活方便

C. 对人无危害

D. 涂膜干燥迅速

4. 下列选项中不属于试喷目的的是（　　　）。

A. 检查喷嘴状态

B. 检查自喷漆颜色

C. 检查自喷漆气压

D. 调整罐中涂料量

5. 下列选项中按喷涂顺序排列依次是（　　　）。

A. 喷涂面漆　　　　B. 模型预处理　　　　C. 喷涂底漆　　　　D. 喷涂光油

6. 下列选项中属于底漆喷涂作用的是（　　　）。

A. 提高漆面附着力

B. 提高漆面亮度

C. 使漆面不容易氧化

7. 下列选项中不属于硝基漆特点的是（　　　）。

A. 干燥快　　　　B. 耐热，耐腐蚀　　　　C. 保护性差　　　　D. 不耐有机溶剂

8. 下列选项中不属于喷涂遮盖不足原因的是（　　　）。

A. 喷涂前未充分摇匀

B. 场地温度高

C. 喷涂角度不正确

9. 喷涂前基材有水或油，喷涂后有可能产生的缺陷是（　　　）。

A. 咬底　　　　B. 橘皮　　　　C. 流挂　　　　D. 漆面剥落

10. 在修复喷涂缺陷过程中，漆面如需用砂纸打磨，砂纸型号应不小于（　　　）目。

A. 240　　　　B. 400　　　　C. 800　　　　D. 1 500

四、简答题

1. 通过上色处理，可以使产品获得哪些效果？

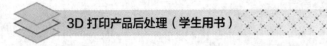

2. 为保证涂覆材料的良好附着效果，涂覆上色对环境有哪些要求？

3. 常用上色工具、材料和设备有哪些？

4. 简述自喷漆上色的加工工艺。

5. 简述口罩的佩戴方法。

五、填表题

产品的上色工艺有很多，分别适用于不同的场合、不同的材质和大小，请进行常用 3D 打印产品上色工艺对比，补全表 3-1-10 的内容。

▼ 表 3-1-10　常用 3D 打印产品上色工艺对比

项目	浸涂	刷涂	喷涂	电镀	纳米喷镀
环保性		无"三废"排放			有"三废"排放
设备投资	可大可小		可大可小		
颜色选择			各种颜色		各种颜色
适用范围		各种材料		金属、ABS 塑料	
待上色产品形状、体积			受局部限制	受一些限制	
局部加工或颜色穿插		可以			可以
制作周期	1 h			电镀层厚度不同，时间也不同	2~3 h
回收再利用		不可以		不可以	
前期特殊处理	不需要		不需要		不需要

 ## 任务拓展

一、任务要求

如图 3-1-2b 所示为旋具模型的渲染图，其涂装要求如下：旋具把手为黄棕色，旋具杆部分为银色，漆面要求有光泽并覆盖原色，不能有喷涂缺陷。

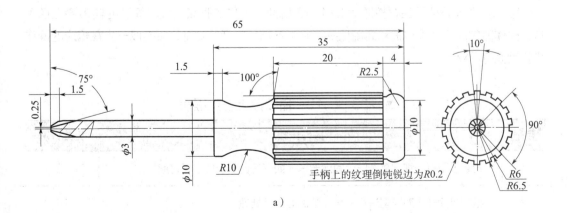

a）

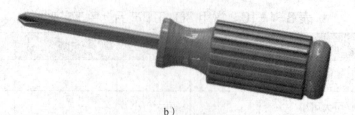

b)

图 3-1-2　旋具模型

二、任务准备

根据任务要求提前准备相应的工具、材料、设备和劳动保护用品等，并将准备好的相关物品分类后填入表 3-1-11 中。

▼ 表 3-1-11　工具、材料、设备和劳动保护用品清单

序号	类别	准备内容
1	工具	
2	材料	
3	设备	
4	劳动保护用品	

三、旋具模型的自喷漆上色

穿戴好个人防护用品，按照表 3-1-12 所列的操作步骤完成旋具模型的自喷漆上色工作。操作时需注意个人防护和环境保护，并听从指导教师的安排，每完成一步在相应的操作步骤后面打"√"。

▼ 表 3-1-12　自喷漆上色流程表

序号	操作步骤	完成情况
1	检查模型打磨情况是否符合喷涂要求，如不符合要求应重新打磨	☐
2	根据喷涂要求对模型进行遮盖、喷涂固定等处理	☐

续表

序号	操作步骤	完成情况
3	喷涂底漆，底漆干燥后检查底漆喷涂效果，底漆一般喷涂 2~3 次	☐
4	喷涂面漆，每喷涂一层面漆，就应检查一次喷涂效果，面漆一般喷涂 2~3 次	☐
5	如需喷涂光油，需待面漆完全干燥后进行，光油一般喷涂 2~3 层	☐
6	对场地进行通风，清理工具、设备、场地，并按要求归类放置物品，丢弃垃圾	☐

四、产品检验

完成模型的自喷漆上色和实训场地的清理工作后，对照表 3-1-13 检查模型的喷涂质量和安全文明生产情况，并为自己的模型打分。

▼ 表 3-1-13　喷涂质量检查表

序号	检查内容	检查标准	配分	得分
1	遮盖胶带	遮盖胶带粘贴紧密，喷涂后无漏漆现象	10	
2	底漆质量	底漆喷涂良好，无细节遮盖，无喷涂缺陷	15	
3	打磨质量	无打磨缺陷、锉刀痕迹、零件尺寸错误	10	
4	面漆质量	面漆喷涂良好，无露底漆现象，无喷涂缺陷	15	
5	喷涂质量	模型整体喷涂良好，无喷涂缺陷	30	
6	环境保护	喷涂后能正确清理工具和场地，喷涂中能注意个人防护和环境保护	10	
7	物料保管	喷涂前能正确取用物料，喷涂后能正确保管及储存物料	10	
		总分	100	

任务 2　3D 打印产品的喷笔和笔涂上色

 课堂同步

一、任务准备

1. 观察如图 3-2-1 所示的挖掘机驾驶员模型，设计或结合教材图 3-2-2，对照色卡查找需要的涂料颜色并记录色号，明确本任务的学习内容，将本任务需要完成的操作内容记录下来。

图 3-2-1　挖掘机驾驶员模型

2. 根据任务要求提前准备相应的模型、工具、材料、设备和劳动保护用品等，并将领到的物品分类后填入表 3-2-1 中。

▼ 表 3-2-1　工具、材料、设备和劳动保护用品清单

序号	类别	准备内容
1	工具	
2	材料	

续表

序号	类别	准备内容
3	设备	
4	劳动保护用品	

二、模型上色前准备

1. 上色环境

检查上色环境是否符合涂覆上色的要求，在表 3-2-2 中符合要求的类别后面打"√"。

▼ 表 3-2-2 上色环境要求检查单

序号	类别	是否符合
1	检查操作环境照明情况，喷涂环境要求宽敞、明亮	☐
2	应装备水幕机或喷漆房，防止喷涂污染，保证涂层质量	☐
3	喷涂环境无明火，清理易燃、易爆物品，禁止吸烟	☐
4	喷涂人员应穿戴无纤维防护服和手套	☐
5	喷涂环境温度应控制为 15～30 ℃，湿度为 50%～70%	☐

2. 个人防护用品

在模型上色过程中，涂料中的溶剂会挥发到空气中，操作者吸入或接触环境中的涂料会对身体造成危害，因此，在上色过程中操作者必须正确佩戴个人防护用品。请对照表 3-2-3 正确佩戴个人防护用品，每完成一步在相应的操作步骤后面打"√"。

▼ 表 3-2-3 个人防护用品佩戴检查单

序号	操作步骤	完成情况
1	面向口罩内侧，双手各持一侧耳带，使金属鼻夹位于上方	☐
2	用口罩抵住下颌，并使口罩紧贴面部	☐
3	将耳带拉至耳后，并调整至舒适的位置	☐

序号	操作步骤	完成情况
4	按压金属鼻夹，使口罩与面部贴合，检查口罩的密闭性	☐
5	戴好护目镜。护目镜在使用中应注意轻拿轻放，防止镜架损坏和镜片磨损	☐
6	戴好丁腈手套。在佩戴和使用时注意不能大力拉扯，避免强力磨损	☐

三、模型笔涂上色

1. 模型预处理

准备好相应的工具和材料，穿戴好个人防护用品，按照表 3-2-4 的图示和操作提示完成模型的预处理操作，并根据图示补全操作内容，每完成一步在相应的操作提示后面打"√"。

▼ 表 3-2-4　模型预处理检查单

序号	图示	操作提示	完成情况
1		用工业擦拭纸或擦拭棒蘸_____擦拭模型表面，去除模型表面的_____、_____、_____。在擦拭和干燥过程中要注意_____	☐
2		准备木棒、模型胶水，根据模型特征，在_____制作笔涂上色手持夹具	☐

2. 模型笔涂

完成模型的预处理后就可以开始笔涂了，根据表 3-2-5 的图示和操作提示完成模型的笔涂操作，并根据图示补全操作内容，每完成一步在相应的操作提示后面打"√"。

▼ 表 3-2-5　模型笔涂检查单

序号	图示	操作提示	完成情况
1		此步骤为＿＿＿＿＿＿＿＿。在笔涂小零件时，应手持＿＿＿＿＿＿＿或＿＿＿＿位置，笔涂完成后，把木棒插入泡沫板中使小零件干燥	☐
2		此步骤为＿＿＿＿＿＿＿＿＿，涂料干燥前不得＿＿＿＿＿＿＿＿，干燥后须戴＿＿＿＿＿触摸和检查。底漆需＿＿＿＿＿＿＿基材，如有笔涂缺陷可使用＿＿＿＿进行打磨及修整	☐
3		此步骤为＿＿＿＿＿＿＿，待底漆＿＿＿＿＿＿后再笔涂面漆，采用交叉法涂漆，通常笔涂＿＿＿＿＿次即可完全遮盖底漆，如果模型较大，可以添加＿＿＿＿＿＿	☐
4		待涂料彻底干燥后，即可进行局部＿＿＿＿＿＿＿，注意少添加或者不加＿＿＿＿＿，防止因涂料过稀而＿＿＿＿＿＿	☐
5		每涂一层面漆，就应该检查一次＿＿＿＿＿＿，如有＿＿＿＿＿＿应及时处理后再进行笔涂上色	☐

续表

序号	图示	操作提示	完成情况
6		光油一般喷涂＿＿＿＿层，光油的喷涂必须在面漆＿＿＿＿后进行，光油喷涂是整个涂装的最后操作	☐

3. 场地清扫

模型的涂装工作已经完成，在涂装过程中难免会对场地周边环境造成影响，请参照表 3-2-6 清扫场地，每完成一步在相应的类别后面打"√"。

▼ 表 3-2-6　涂装场地清扫检查单

序号	清扫类别	是否完成
1	对场地进行通风，清理及擦拭涂装辅助设备	☐
2	清理场地，擦拭涂装工具	☐
3	将涂装工具和涂料按要求归类放置	☐
4	按要求放置个人防护用品，丢弃涂装垃圾	☐

四、产品检验与缺陷处理

1. 产品检验

完成模型的涂装和实训场地的清理工作后，对照表 3-2-7 检查模型的涂装质量和安全文明生产情况，并为自己的模型打分。

▼ 表 3-2-7　模型涂装质量检查表

序号	检查内容	检查标准	配分	得分
1	模型清洗	模型表面无污染，表面粗糙度达到要求	10	
2	模型夹具	模型夹具牢靠，操作方便	10	
3	底漆质量	底漆表面良好，无细节遮盖、流挂等涂装缺陷	15	
4	面漆质量	面漆表面良好，无未遮盖、露底漆现象	15	

续表

序号	检查内容	检查标准	配分	得分
5	局部面漆质量	局部面漆表面良好，未污染其他面漆，无露底漆现象	10	
6	笔涂质量	模型表面整体笔涂良好，无笔涂缺陷	20	
7	环境保护	笔涂后能正确清理工具和场地，笔涂中能注意个人防护和环境保护	10	
8	物料保管	笔涂前能正确取用物料，笔涂后能正确保管及储存物料	10	
总分			100	

2. 产品缺陷分析

对照表 3-2-8 的图示检查涂装后的模型是否存在与图示中相同的缺陷，并填写此种缺陷的产生原因和预防方法。

▼ 表 3-2-8 涂装缺陷产生原因和预防方法

名称	图示	产生原因	预防方法
橘皮			
咬底			

五、总结与评价

完成模型的涂装后，本任务的学习即将结束，请对照表 3-2-9 所列评价要点为自己打分，并将结果填入表中。

▼ 表 3-2-9　任务评价表

序号	评价要点	配分	得分
1	了解喷笔和笔涂上色的概念、用途和分类	8	
2	了解喷笔和笔涂上色的常用涂料	6	
3	了解喷笔和笔涂上色的工艺流程	8	
4	能熟练使用喷笔和笔涂上色工具与设备	8	
5	能熟练穿戴个人防护用品	6	
6	能独立完成笔涂上色前的预处理工作	6	
7	能独立完成 3D 打印产品的喷笔和笔涂上色工作	12	
8	能对笔涂上色产品进行检验和缺陷修复	8	
9	能正确清理涂装场地，处理涂装垃圾	8	
10	安全意识和责任意识强	6	
11	积极参加学习活动，能按时完成各项任务	6	
12	团队合作意识强，善于与人交流和沟通	6	
13	自觉遵守劳动纪律，不迟到，不早退，中途不随意离开实训场地	6	
14	严格遵守"6S"管理要求	6	
	总分	100	

 课后巩固

一、填空题

1. 使用_____和_____进行上色处理，可以进一步提升模型的_____和_____。

2. 喷笔是一种利用_____将_____喷出进行上色的精密仪器。

3. 喷笔按外形不同大致可分为_____、_____和_____三大类。

4. 喷笔的供气设备主要有＿＿＿＿＿＿＿＿＿＿、＿＿＿＿＿＿＿＿＿＿＿和

＿＿＿＿＿＿＿＿＿＿三种。

5. 笔涂或者喷笔上色的涂料可以分为＿＿＿＿＿＿、＿＿＿＿＿＿和＿＿＿＿＿三

大类。

6. 模型的有些缺陷可使用补土进行填补，通常补土分为＿＿＿＿＿＿、＿＿＿＿＿＿

和＿＿＿＿＿＿。

7. 画笔按笔头形状可分为＿＿＿＿＿＿、＿＿＿＿＿＿、＿＿＿＿＿＿和＿＿＿＿＿＿。

8. 喷笔的清洗方法主要有＿＿＿＿＿＿＿＿＿＿、＿＿＿＿＿＿＿＿＿＿＿和

＿＿＿＿＿＿＿＿＿＿三种。

9. 笔涂上色通常采用＿＿＿＿＿＿＿＿＿＿＿＿法，为了进一步减少笔痕，可少量加入

＿＿＿＿＿。

二、判断题

1. 使用喷笔上色时色彩均匀统一，过渡自然柔和，无笔触痕迹。　　（　　）

2. 目前双动型喷笔是主流喷笔，喷笔结构简单，操作难度低。　　（　　）

3. 与丙烯涂料相比，硝基涂料对人体的毒性更大，使用中要注意个人防护和环境通风。

（　　）

4. 丙烯涂料是水性涂料，所以干燥后的漆面要注意防水。　　（　　）

5. 喷漆夹具通常放在模型的非喷漆面上。　　（　　）

6. 喷笔上色喷涂过程中需要使用空气压缩机，所以不建议在居民家中使用。（　　）

7. 塑性补土除了可以填补模型孔洞外，还可以给模型做造型。　　（　　）

8. 上色前喷涂水补土，可以增强涂料的附着能力，并填补模型缝隙。　（　　）

9. 在完成喷漆工作后，一定要立刻清洗喷笔，以防止喷嘴堵塞。　　（　　）

10. 使用笔涂上色配制涂料时可以多次、少量调配。　　（　　）

三、选择题

1. 对于颜色复杂的手办模型可使用（　　　）上色。

A. 自喷漆　　　　　　　　B. 笔涂　　　　　　　　C. 浸涂

2. 现阶段的主流喷笔是（　　　）。

A. 马克笔喷笔　　　　B. 单动型喷笔　　　　C. 双动型喷笔　　　　D. 枪形喷笔

3. 下列选项中属于喷笔上色优点的是（　　　）。

A. 上色均匀　　　　　　　　　　　B. 操作方便，易上手

C. 对人无危害　　　　　　　　　　D. 工作时噪声低

4. 在小型工作室中进行喷笔上色适合用（　　　）作为供气设备。

A. 便携式气泵　　　　　　　　　　B. 小型空气压缩机

C. 工业空气压缩机   D. 气罐

5. 下列选项中毒性较小、使用安全的涂料是（　　　）。

A. 硝基涂料   B. 珐琅涂料   C. 丙烯涂料

6. 修补模型存在的缝隙时宜选用（　　　）。

A. 牙膏补土   B. 塑性补土   C. 水补土

7. 环境相对湿度较高时，不宜采用的干燥方式是（　　　）。

A. 用烤箱烘干   B. 用热风吹干   C. 自然晾干

8. 喷笔上色时若需更换颜色，应使用的清洗方式是（　　　）。

A. 拆装擦拭   B. 回流清洗   C. 超声波清洗

9. 在手绘过程中，描绘细节时应使用（　　　）进行绘制。

A. 舌形笔   B. 扇形笔   C. 平头笔   D. 尖头笔

四、简答题

1. 简述涂料的干燥方法和适用情况。

2. 笔涂上色的注意事项有哪些？

3. 简述手工涂装上色的加工工艺流程。

任务拓展

一、任务要求

如图 3-2-2b 所示为子弹模型的渲染图,其涂装要求如下:所有漆面颜色为金色,漆面要求有光泽并覆盖原色,不能有涂装缺陷。

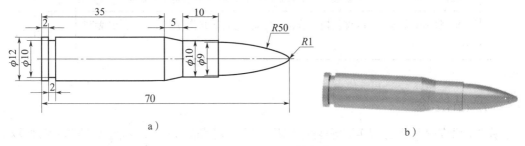

图 3-2-2　子弹模型

二、任务准备

根据任务要求提前准备相应的工具、材料、设备和劳动保护用品等,并将准备好的相关物品分类后填入表 3-2-10 中。

▼ 表 3-2-10　工具、材料、设备和劳动保护用品清单

序号	类别	准备内容
1	工具	
2	材料	
3	设备	
4	劳动保护用品	

三、子弹模型的笔涂上色

穿戴好个人防护用品,按照表 3-2-11 所列的操作步骤完成子弹模型的笔涂上色工作。操作时需注意个人防护和环境保护,并听从指导教师的安排,每完成一步在相应的操作步骤后面打"√"。

▼ 表 3-2-11 笔涂上色流程表

序号	操作步骤	完成情况
1	检查模型打磨情况是否符合涂装要求，如不符合要求应重新打磨	☐
2	根据手工涂装要求对模型进行涂装固定等预处理	☐
3	涂装底漆，底漆干燥后检查底漆涂装效果，底漆一般涂装 2~3 次	☐
4	涂装面漆，每涂装一层面漆应检查一次涂装效果，面漆一般涂装 2~3 次	☐
5	如需喷涂光油，需待面漆完全干燥后进行，光油一般喷涂 2~3 层	☐
6	对场地进行通风，清理工具、设备、场地，并按要求归类放置物品，丢弃垃圾	☐

四、产品检验

完成模型的笔涂上色和实训场地的清理工作后，对照表 3-2-12 检查模型的涂装质量和安全文明生产情况，并为自己的模型打分。

▼ 表 3-2-12 涂装质量检查表

序号	检查内容	检查标准	配分	得分
1	模型清洗	模型表面无污染，表面粗糙度达到要求	10	
2	模型夹具	模型夹具牢靠，操作方便	10	
3	底漆质量	底漆表面良好，无细节遮盖、流挂等涂装缺陷	15	
4	面漆质量	面漆表面良好，无未遮盖、露底漆现象	15	
5	局部面漆质量	局部面漆表面良好，未污染其他面漆，无露底漆现象	10	
6	笔涂质量	模型表面整体笔涂良好，无笔涂缺陷	20	
7	环境保护	笔涂后能正确清理工具和场地，笔涂中能注意个人防护和环境保护	10	
8	物料保管	笔涂前能正确取用物料，笔涂后能正确保管及储存物料	10	
	总分		100	

3D 打印产品的喷砂处理

 课堂同步

一、任务准备

1.观察喷砂模型，如图 4-1 所示，明确本项目的学习内容，将本项目需要完成的操作内容记录下来。

图 4-1　喷砂模型

2.根据任务要求提前准备相应的模型、工具、材料、设备和劳动保护用品等，并将领到的物品分类后填入表 4-1 中。

▼ 表4-1　工具、材料、设备和劳动保护用品清单

序号	类别	准备内容
1	工具	
2	材料	
3	设备	
4	劳动保护用品	

二、模型喷砂前准备

在喷砂操作开始前，应先准备相关材料，处理待加工零件，检查喷砂设备等，在表 4-2 中按照要求依次完成相关步骤的操作，完成后在对应的类别后面打"√"。

▼ 表 4-2　喷砂要求检查单

序号	类别	是否符合
1	打磨喷砂零件	□
2	确定喷砂部位，对不需要喷砂的部位进行遮盖	□
3	检查砂料，装填砂料，检查喷砂设备	□
4	穿戴好个人防护用品	□

三、模型喷砂

1. 喷砂操作

准备好喷砂所用的工具和材料，穿戴好个人防护用品，按照表 4-3 的图示和操作提示完成模型的喷砂操作，并根据图示补全操作内容，每完成一步在相应的操作提示后面打"√"。

▼ 表 4-3　喷砂操作检查单

序号	图示	操作提示	完成情况
1		准备喷砂用＿＿＿＿＿＿＿、工具和设备。喷玻璃砂料时需检查其是否＿＿＿＿＿＿，若有结块应将其揉碎。玻璃砂料吸湿性强，久置会影响其亮度	□

续表

序号	图示	操作提示	完成情况
2		1. 通过调整进砂调节器进气管的位置，使进砂间隙为 6~7 mm，从而控制砂料进入_____的数量 2. 调节过滤器气压阀，控制进入喷枪的_____，工作压力为 5 bar（1 bar=0.1 MPa）左右	☐
3		根据产品要求，对不需要喷砂的表面用_____包扎进行保护。产品边缘与尖角的地方要特别注意包扎保护	☐
4		喷枪与被加工表面的距离应控制在 5~10 cm，要均匀喷射于被加工表面。注意控制_____、_____和_____，避免出现_____的情况	☐
5		检查被加工表面的花纹和光泽_____，有无油印、黑点、砂眼、印记、阴阳面等缺陷。检查喷砂面是否完全盖住_____	☐

2. 场地清扫

模型的喷砂工作已经完成，在喷砂过程中难免会对场地周边环境造成影响，请参照表 4-4 清扫场地，每完成一步在相应的类别后面打"√"。

▼ 表 4-4　喷砂场地清扫检查单

序号	清扫类别	完成情况
1	对场地进行通风，清理喷砂设备	☐
2	清理场地，擦拭工具	☐
3	如有必要将砂料按要求回收后放置	☐
4	按要求放置个人防护用品，丢弃喷砂垃圾	☐

四、产品检验与缺陷处理

1. 产品检验

完成零件的喷砂处理和实训场地的清理工作后，对照表 4-5 检查零件的喷砂质量和安全文明生产情况，并为自己的零件喷砂效果打分。

▼ 表 4-5　模型喷砂质量检查表

序号	检查内容	检查标准	配分	得分
1	零件准备	能完成喷砂前的零件打磨和遮盖工作	20	
2	砂料准备	能选择砂料并将其装入设备中	20	
3	喷砂操作	能完成零件的喷砂操作	20	
4	环境保护	喷砂后能正确清理工具和场地，清理过程中能注意个人防护、安全操作和环境保护	20	
5	物料保管	能正确取用物料，喷砂后能按要求保管及储存物料	20	
		总分	100	

2. 产品缺陷分析

对照表 4-6 的图示检查喷砂后的模型是否存在与图示中相同的缺陷，并填写此种缺陷的产生原因和预防方法。

▼ 表 4-6　喷砂缺陷产生原因和预防方法

名称	图示	产生原因	预防方法
表面粗糙			

五、总结与评价

完成零件的喷砂后，本项目的学习即将结束，请对照表 4-7 所列评价要点为自己打分，并将结果填入表中。

▼ 表 4-7　任务评价表

序号	评价要点	配分	得分
1	了解 3D 打印产品喷砂的概念和工作原理	6	
2	了解常用喷砂设备的工作方式	6	
3	了解各种 3D 打印产品喷砂的工艺流程	6	
4	掌握喷砂的应用场合和工艺流程	8	
5	掌握喷砂的操作步骤和注意事项	8	
6	能完成喷砂前的准备工作	8	
7	能熟练使用喷砂机完成模型的喷砂处理	12	
8	能对喷砂后的产品进行检验和缺陷分析	8	
9	能正确清理场地，处理垃圾，保管物品	8	

续表

序号	评价要点	配分	得分
10	有安全意识和责任意识	6	
11	积极参加学习活动，能按时完成各项任务	6	
12	团队合作意识强，善于与人交流和沟通	6	
13	自觉遵守劳动纪律，不迟到，不早退，中途不随意离开实训场地	6	
14	严格遵守"6S"管理要求	6	
	总分	100	

 **课后巩固**

一、填空题

1. 喷砂处理是以_____为动力，将砂料高速喷射到被加工零件表面，使零件_____或_____发生变化的加工方式。

2. 喷砂设备根据设备结构不同一般有_____、_____、_____、_____等。

3. 喷砂处理的介质有很多种，按照生成方式分类有_____和_____两大类。

4. 喷砂处理经常应用于表面美化加工、_____、_____、_____。

5. 影响喷砂处理效果的主要因素包括_____、_____、_____、_____、_____和_____。

二、判断题

1. 喷砂处理可以使零件表面的力学性能得到改善，提高零件的抗疲劳性。（　　）

2. 喷砂处理会减小产品和涂层之间的附着力，延长涂膜的耐久性。（　　）

3. 喷玻璃砂时需检查砂料是否受潮，有结块应将其揉碎。（　　）

4. 零件在喷砂前通常要进行抛光处理。（　　）

5. 没有喷砂要求的面需要用胶纸包扎，进行保护处理。 （　　）

6. 喷砂机中的石英砂可长期使用，无须更换。 （　　）

7. 喷砂机为封闭空间，场地无须加装除尘过滤装置。 （　　）

8. 喷砂后的表面效果只与砂料粒度有关，与砂料的形状无关。 （　　）

三、选择题

1. 通过喷砂处理清除金属表面的锈蚀物和氧化层属于（　　）。

A. 表面美化加工 　　　　　　　　　　　B. 表面清除加工

C. 应力消除加工 　　　　　　　　　　　D. 增加附着力加工

2. 铁件除锈和去除氧化层可使用（　　）进行喷砂处理。

A. 玻璃砂 　　　　　B. 金属钢丸 　　　　　C. 白刚玉

3. 喷砂加工掌握喷射距离和喷射角度是关键，喷射距离一般为（　　）cm。

A. 3~5 　　　　　　　B. 5~15 　　　　　　　C. 15~30

四、简答题

1. 喷砂处理的工艺特点是什么？

2. 简述各因素对喷砂处理效果的影响。

任务拓展

一、任务要求

3D 打印饮料杯模型如图 4-2b 所示，要求对其外表面进行喷砂处理，饮料杯内壁不进行喷砂处理，模型各部分尺寸达到图 4-2a 所示要求，处理后的模型表面应色泽均匀，无明显凹痕。

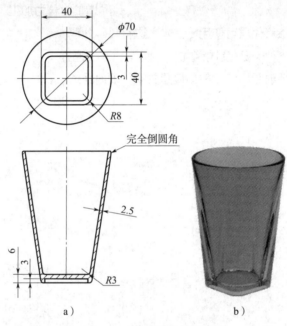

a)　　　　　　　　　b)

图 4-2　饮料杯模型

二、任务准备

根据任务要求提前准备相应的工具、材料、设备和劳动保护用品等，并将准备好的相关物品分类后填入表 4-8 中。

▼ 表 4-8　工具、材料、设备和劳动保护用品清单

序号	类别	准备内容
1	工具	
2	材料	
3	设备	
4	劳动保护用品	

三、饮料杯模型的喷砂处理

穿戴好个人防护用品，按照表 4-9 所列的操作步骤完成饮料杯模型的喷砂处理。操作时需注意个人防护和环境保护，并听从指导教师的安排，每完成一步在相应的操作步骤后面打 "√"。

▼ 表 4-9　喷砂处理流程表

序号	操作步骤	完成情况
1	准备模型，对不需要喷砂部位进行遮盖	☐
2	准备喷砂用玻璃砂料，将其装入设备，检查玻璃砂料质量	☐
3	穿戴好个人防护用品，开启除尘设备	☐
4	完成饮料杯模型的喷砂处理	☐
5	检查模型喷砂质量	☐
6	对场地进行通风，清理工具、设备、场地，并按要求归类放置物品，丢弃垃圾	☐

四、产品检验

完成模型的喷砂处理和实训场地的清理工作后，对照表 4-10 检查模型的喷砂质量和安全文明生产情况，并为自己的模型打分。

▼ 表 4-10　喷砂质量检查表

序号	检查内容	检查标准	配分	得分
1	零件准备	能完成喷砂前的零件打磨和遮盖工作	20	
2	砂料准备	能选择砂料并将其装入设备	20	
3	喷砂操作	能完成零件的喷砂操作	20	
4	环境保护	喷砂后能正确清理工具和场地，清理过程中能注意个人防护、安全操作和环境保护	20	
5	物料保管	能正确取用物料，喷砂后能按要求保管及储存物料	20	
		总分	100	

3D 打印产品的丝网印刷

 课堂同步

一、任务准备

1. 观察产品丝印模型（丝印前模型为经过打磨、上色的 SLA 打印成形产品），如图 5-1 所示，明确本项目的学习内容，将本项目需要完成的操作内容记录下来。

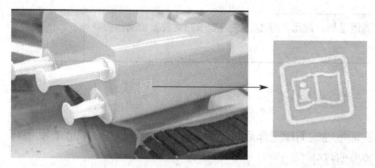

图 5-1　产品丝印模型

2. 根据任务要求提前准备相应的模型、工具、材料、设备和劳动保护用品等，并将领到的物品分类后填入表 5-1 中。

▼ 表 5-1　工具、材料、设备和劳动保护用品清单

序号	类别	准备内容
1	工具	
2	材料	
3	设备	
4	劳动保护用品	

二、丝网印刷的准备工作

在印刷开始前，应先完成准备工作，以方便制版和丝网印刷工作的开展，在表 5-2 中符合要求的类别后面打"√"。

▼ 表 5-2　丝网印刷准备检查单

序号	类别	是否符合
1	制版和丝网印刷环境要求宽敞、明亮	☐
2	选取丝网材质及制作网框	☐
3	根据被印刷物和丝网材质选择油墨并完成调配工作	☐
4	清洗被印刷物表面	☐
5	准备阳图底版	☐
6	按规定穿戴好个人防护用品	☐

三、SLA 打印模型丝网印刷的制版与印刷

1. 丝网印刷的制版

准备好制版所用的工具和材料，穿戴好个人防护用品，按照表 5-3 的图示和操作提示完成丝网印刷的制版操作，并根据图示补全操作内容，每完成一步在相应的操作提示后面打"√"。

▼ 表 5-3　丝网印刷制版检查单

序号	图示	操作提示	完成情况
1		准备清洗干净的网框，拉紧丝网，使_____与_____紧贴，在两者接触部分涂黏合剂并钉紧丝网。剪掉多余的丝网，清洗丝网，晾干待用	☐
2		1.在丝网的正面均匀刮涂_____，刮两次 2.在丝网的反面均匀刮涂_____，刮两次	☐

序号	图示	操作提示	完成情况
2		3.用吹风机慢慢吹干感光胶 4.重复（1）~（3）的操作	☐
3		将＿＿＿＿＿＿＿＿＿与感光膜结合在一起	☐
4		放入紫外线晒版机上进行第一次＿＿＿＿＿＿＿＿＿，紫外线曝光时间为 50 s	☐
5		＿＿＿＿＿第一次晒版后的网版，先将其在水中浸泡 10 s，然后用高压水枪吹 10 s，使网版呈现出丝印图案，最后用吹风机＿＿＿＿＿	☐

续表

序号	图示	操作提示	完成情况
6		将清洗、吹干后的网版再次放入紫外线晒版机上进行_____，紫外线曝光时间为 100 s	□
7		再次水洗第二次曝光后的网版，并用吹风机将其吹干，获得_____的网版	□

2. SLA 打印模型的丝网印刷

准备好模型丝网印刷所用的工具和材料，穿戴好个人防护用品，按照表 5-4 的图示和操作提示完成模型的丝网印刷操作，并根据图示补全操作内容，每完成一步在相应的操作提示后面打"√"。

▼ 表 5-4　丝网印刷检查单

序号	图示	操作提示	完成情况
1		调配_____，选择丝网印刷塑料类产品的油墨，调好_____与_____	□
2		准备_____、_____的网版，将挖掘机模型承印表面_____	□

续表

序号	图示	操作提示	完成情况
3		1. 印刷前可先在其他表面进行 ＿＿＿＿＿＿＿ 2. 由于挖掘机体积较大，不适合直接用丝印机网版印刷，因此采用 ＿＿＿＿的方式进行印刷 3. 转印时先在网版标志的背面贴上专用胶纸 4. 将标志丝印在专用胶纸上 5. 最后将胶纸粘贴在挖掘机需要丝印的位置，5 s 后撕掉胶纸即可完成转印	□
4		＿＿＿＿＿＿＿＿＿印刷图形，做好设备清理和物品收纳工作	□

3. 场地清扫

模型的丝网印刷工作已经完成，在制版及印刷过程中难免会对场地周边环境造成影响，请参照表 5-5 清扫场地，每完成一步在相应的类别后面打 "√"。

▼ 表 5-5　丝网印刷场地清扫检查单

序号	清扫类别	完成情况
1	对场地进行通风，清理与擦拭印刷设备	☐
2	清理场地，擦拭工具	☐
3	将印刷工具、印版、油墨按要求归类放置	☐
4	按要求放置个人防护用品，丢弃丝网印刷垃圾	☐

四、产品检验与缺陷处理

1. 产品检验

完成模型的丝网印刷和实训场地的清理工作后，对照表 5-6 检查模型的丝网印刷质量和安全文明生产情况，并为自己的模型印刷效果打分。

▼ 表 5-6　模型丝网印刷质量检查表

序号	检查内容	检查标准	配分	得分
1	阳图底版	制作阳图底版	10	
2	制作网版	能完成丝网印刷网版的制作工作	20	
3	调制油墨	能完成丝网印刷油墨的调制工作	10	
4	丝网印刷	能使用丝网印刷设备完成丝网印刷操作	20	
5	胶带转印	能完成胶带转印操作	10	
6	环境保护	印刷后能正确清理工具和场地，印刷过程中能注意个人防护、安全操作和环境保护	15	
7	物料保管	能正确取用物料，印刷后能按要求保管及储存物料	15	
总分			100	

2. 产品缺陷分析

对照表 5-7 的图示检查丝网印刷后的图形是否存在与图示中相同的缺陷，并填写此种缺陷的产生原因和预防方法。

▼ 表 5-7　丝网印刷缺陷产生原因和预防方法

名称	图示	产生原因	预防方法
图形不全			
图像变形			

五、总结与评价

完成模型的丝网印刷后，本项目的学习即将结束，请对照表 5-8 所列评价要点为自己打分，并将结果填入表中。

▼ 表 5-8　任务评价表

序号	评价要点	配分	得分
1	了解丝网印刷的工作原理和应用	6	
2	了解丝网印刷的工艺流程和应用场合	6	
3	能熟练掌握丝网印刷的制版工艺	8	
4	能掌握丝网印刷的印制步骤和注意事项	8	
5	能独立完成丝网印刷的制版工作	12	
6	能独立完成丝网印刷的印制工作	12	

续表

序号	评价要点	配分	得分
7	能对丝网印刷后的产品进行检验和缺陷分析	8	
8	能正确清理场地，处理垃圾，保管物品	8	
9	有安全意识和责任意识	8	
10	积极参加学习活动，能按时完成各项任务	6	
11	团队合作意识强，善于与人交流和沟通	6	
12	自觉遵守劳动纪律，不迟到，不早退，中途不随意离开实训场地	6	
13	严格遵守"6S"管理要求	6	
	总分	100	

 课后巩固

一、填空题

1. 丝网印刷是指用丝网作为_____，并通过_____方法，制成带有图文的丝网印版。丝网印版的部分孔能够透过_____，用刮墨板刮动油墨漏印至承印物上形成图文。

2. 丝网印刷通常由五大要素构成，即_____、_____、_____、_____、_____。

3. 丝网印刷中丝网的材质通常有_____、_____和_____三种。

4. 现代常用的制版方法是_____，它利用压力使原版与感光版紧密贴合，通过_____，将原版上的图像精确地晒制在感光版上。

5. 丝网网框是支撑丝网的框架，常用的材质有_____、_____、_____等。

6. 印刷前应检查网版是否_____，如有灰尘，应_____并_____后方能使用。

7. 手工丝网印刷时，应控制好刮板的_____，确保印版与承印物之间为_____。

二、判断题

1. 丝网印刷应用广泛，可在多种材质表面进行印刷。
( )

2. 印刷前无须对承印物进行清洗，可直接进行丝网印刷。 （　　）

3. 丝网在与网框的连接过程中无须张紧，只需固定牢靠。 （　　）

4. 网版在晒版前应正、反面均匀刮涂两遍感光胶，并进行干燥。 （　　）

5. 在使用紫外线晒版机的过程中，应使阳图底版和网版紧密贴合。 （　　）

6. 晒版完成后的网版应用清水冲洗，去除多余的感光胶。 （　　）

7. 在正式进行丝网印刷前应进行试印刷操作。 （　　）

8. 在使用刮板进行刮墨印刷的过程中，应给予刮板一定的压力，防止出现缺印和图形不全的现象。 （　　）

三、选择题

1. 丝网印刷中适用于纸张、塑料等一般印刷的是（　　）。

A. 金属丝网　　　　　　B. 涤纶丝网　　　　　　C. 尼龙丝网

2. 小批量丝网印刷可使用（　　）网框。

A. 木质　　　　　　B. 铝质　　　　　　C. 钢质　　　　　　D. 不锈钢

3. 丝网在晒版过程中需要使用（　　）进行照射而使网版感光。

A. 激光　　　　　　B. 紫外线　　　　　　C. 红外线

4. 丝网印刷中发生图像变形，通常是因为（　　）。

A. 网版堵塞　　　　　　B. 油墨颗粒大　　　　　　C. 印刷压力过大

四、简答题

1. 丝网印刷的工艺特点有哪些？

2. 丝网的选用要求有哪些？

3. 简述感光制版法的操作流程。

五、填表题

将各种丝网的特点和适用范围填入表 5-9 中。

▼ 表 5-9　各种丝网的特点和适用范围

丝网种类	特点	适用范围
尼龙丝网		
涤纶丝网		
金属丝网		

 任务拓展

一、任务要求

检查已打磨完成的烟灰缸模型，其外形如图 5-2 所示。要求在烟灰缸模型底部完成彭罗斯三角标志（见图 5-3）的丝网印刷，印刷后的模型不得有明显的印刷缺陷。

图 5-2　烟灰缸模型

图 5-3　彭罗斯三角标志

二、任务准备

根据任务要求提前准备相应的工具、材料、设备和劳动保护用品等，并将准备好的相关物品分类后填入表 5-10 中。

▼ 表 5-10　工具、材料、设备和劳动保护用品清单

序号	类别	准备内容
1	工具	
2	材料	
3	设备	
4	劳动保护用品	

三、烟灰缸模型的丝网印刷

穿戴好个人防护用品，按照表 5-11 所列的操作步骤完成烟灰缸模型的丝网印刷工作。操作时需注意个人防护和环境保护，并听从指导教师的安排，每完成一步在相应的操作步骤后面打"√"。

▼ 表 5-11　丝网印刷流程表

序号	操作步骤	完成情况
1	打印阳图底版，制作网框，将丝网和网框固定，完成网版的制作工作	☐
2	在网版上正、反面刷涂感光胶，并干燥网版	☐
3	使用紫外线晒版机晒版，清洗并干燥网版，完成丝网印刷网版的制作工作	☐
4	完成丝网印刷的操作	☐

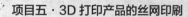

续表

序号	操作步骤	完成情况
5	检查丝网印刷的质量	□
6	对丝网印刷场地进行通风，清理工具、设备、场地，并按要求归类放置物品，丢弃垃圾	□

四、产品检验

完成模型的丝网印刷和实训场地的清理工作后，对照表 5-12 检查模型的印刷质量和安全文明生产情况，并为自己的丝网印刷效果打分。

▼ 表 5-12　丝网印刷质量检查表

序号	检查内容	检查标准	配分	得分
1	阳图底版	制作阳图底版	10	
2	制作网版	能完成丝网印刷网版的制作工作	20	
3	调制油墨	能完成丝网印刷油墨的调制工作	10	
4	丝网印刷	能使用丝网印刷设备完成丝网印刷操作	20	
5	胶带转印	能完成胶带转印操作	10	
6	环境保护	印刷后能正确清理工具和场地，印刷过程中能注意个人防护、安全操作和环境保护	15	
7	物料保管	能正确取用物料，印刷后能按要求保管及储存物料	15	
总分			100	

3D 打印产品的打标

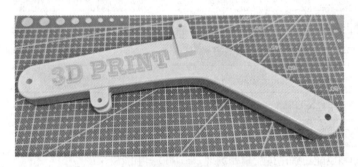 课堂同步

一、任务准备

1. 观察挖掘机机臂打标后的成品图（打标前模型为经过打磨及上色的打印成形产品），如图 6-1 所示，明确本项目的学习内容，将本项目需要完成的操作内容记录下来。

图 6-1　挖掘机机臂打标完成图

2. 根据任务要求提前准备相应的模型、工具、材料、设备和劳动保护用品等，并将领到的物品分类后填入表 6-1 中。

▼ 表 6-1　工具、材料、设备和劳动保护用品清单

序号	类别	准备内容
1	工具	
2	材料	
3	设备	
4	劳动保护用品	

二、激光打标的准备工作

在激光打标开始前，应先完成准备工作，以方便后续激光打标工作的开展，在表 6-2中符合要求的类别后面打"√"。

▼ 表 6-2　激光打标准备检查单

序号	类别	是否符合
1	准备已上色的挖掘机机臂模型	☐
2	准备打标图案	☐
3	调整激光打标设备	☐
4	按规定穿戴好个人防护用品	☐

三、3D 打印模型的激光打标操作

1. 激光打标

准备好激光打标所用的工具和材料，穿戴好个人防护用品，按照表 6-3 的图示和操作提示完成激光打标操作，并根据图示补全操作内容，每完成一步在相应的操作提示后面打"√"。

▼ 表 6-3　激光打标检查单

序号	图示	操作提示	完成情况
1	3D PRINT	设置打标参数：填充间距为 1 mm，角度为 45°；标刻参数的频率为 20 Hz，功率为 60 ~ 80 W	☐
2		将挖掘机机臂_____在工作平台上；开启对焦红光按钮，上盖上面会出现正方形方框和红色焦点，移动工作台和 Z 轴升降开关调整打标_____和_____	☐

续表

序号	图示	操作提示	完成情况
3		被打标物的_____和_____调整好后，可以开始_____	☐
4		检查_____，做好设备和场地清洁工作	☐

2. 场地清扫

模型的激光打标工作已经完成，请参照表 6-4 清扫场地，每完成一步在相应的类别后面打"√"。

▼ 表 6-4　激光打标场地清扫检查单

序号	清扫类别	完成情况
1	对场地进行通风，清理与擦拭激光打标设备	☐
2	清理场地，擦拭工具	☐
3	将相关物品按要求归类放置	☐
4	按要求放置个人防护用品，丢弃垃圾	☐

四、产品检验

完成模型的激光打标和实训场地的清理工作后，对照表 6-5 检查模型的打标质量和安全文明生产情况，并为自己的模型打标效果打分。

▼ 表 6-5　模型激光打标质量检查表

序号	检查内容	检查标准	配分	得分
1	准备模型	能将模型处理到符合激光打标要求	10	
2	准备标志	标志美观、大方，尺寸、造型合适	10	
3	准备设备	能完成打标参数的设置工作	20	
4	设置参数	能完成模型定位和焦距设置工作	20	
5	激光打标	能完成模型的激光打标操作	20	
6	环境保护	能正确清理工具和场地，打标过程中能注意个人防护、安全操作和环境保护	10	
7	物料保管	能正确取用物料，打标后能按要求保管及储存物料	10	
总分			100	

五、总结与评价

完成 3D 打印模型的激光打标操作后，本项目的学习即将结束，请对照表 6-6 所列评价要点为自己打分，并将结果填入表中。

▼ 表 6-6　任务评价表

序号	评价要点	配分	得分
1	了解 3D 打印产品激光打标的概念和分类	6	
2	了解常见的激光打标加工方式	6	
3	了解 3D 打印产品激光打标的工艺流程	6	
4	能熟练使用激光打标工具和设备	8	
5	能熟练穿戴个人防护用品	8	
6	能独立完成打标前的模型放置和对焦工作	8	
7	能独立完成 3D 打印产品的激光打标操作	12	
8	能对打标后的产品进行检验和缺陷分析	8	
9	能正确清理场地，处理垃圾，保管物品	8	
10	有安全意识和责任意识	6	

续表

序号	评价要点	配分	得分
11	积极参加学习活动，能按时完成各项任务	6	
12	团队合作意识强，善于与人交流和沟通	6	
13	自觉遵守劳动纪律，不迟到，不早退，中途不随意离开实训场地	6	
14	严格遵守"6S"管理要求	6	
	总分	100	

课后巩固

一、填空题

1. 激光打标是以_____照射被加工零件，使零件表面瞬间发生汽化、熔化、相变等物理或化学变化，从而在_____留下文字、图案刻痕的_____。

2. 激光打标的原理可以分为三类，即通过_____打标，通过_____形成打标图案，通过_____打标。

3. 激光打标机运动系统可以实现_____、_____和_____等不同形式的打标。

4. 按聚焦透镜的位置不同，光路系统分为_____和_____两种方式。

5. 振镜式激光打标机控制系统的主要控制对象有两个，分别是_____和_____。

6. 激光打标按形成标记图案方式不同可分为_____、_____和_____三类。

二、判断题

1. 标记过程为非接触性加工，不产生机械挤压或机械应力，因此不会损坏被加工零件。（ ）

2. 激光打标机除了打标外，通常还具备一定的切割、钻孔、抛光、划线、刮削等加工能力。（ ）

3. 后聚焦方式聚焦后的光斑直径较小，但加工范围比较小；前聚焦方式聚焦后的光斑直径比较大，但加工范围较大。（ ）

4.激光打标机内部可根据需求增设零件和物品。　　　　　　　　（　　）

5.在激光器开机过程中，严禁用眼睛直视出射激光或反射激光，以防损伤眼睛，要求操作人员戴专用的激光防护眼镜。　　　　　　　　　　　　　　　（　　）

6.阵列式打标速度最快，精度最高，是高速、高精度打标的理想选择。　（　　）

7.矢量图进行放大、缩小或旋转等操作时不会失真。　　　　　　　（　　）

三、简答题

简述激光打标机安全操作规范。

 任务拓展

一、任务要求

要求在图 6-2a 所示 3D 打印花洒头模型的柄部完成"3D 打印"（见图 6-2b）这几个字的激光打标操作，打标位置和文字大小可自行确定，激光打标处理后的模型不得有明显缺陷，标志完整、清晰。

a）　　　　　　　　　　　b）

图 6-2　花洒头模型打标图

二、任务准备

根据任务要求提前准备相应的工具、材料、设备和劳动保护用品等，并将准备好的相关物品分类后填入表 6-7 中。

▼ 表 6-7　工具、材料、设备和劳动保护用品清单

序号	类别	准备内容
1	工具	
2	材料	
3	设备	
4	劳动保护用品	

三、花洒头模型的激光打标

穿戴好个人防护用品，按照表 6-8 所列的操作步骤完成花洒头模型的激光打标工作。操作时需注意个人防护和环境保护，并听从指导教师的安排，每完成一步在相应的操作步骤后面打"√"。

▼ 表 6-8　激光打标流程表

序号	操作步骤	完成情况
1	准备模型，将模型处理到符合激光打标要求	□
2	准备打印标志，调整打印设备	□
3	将模型放置于激光打标机中，调整位置和焦点	□
4	操作激光打标机完成模型的激光打标操作	□
5	检查激光打标质量	□
6	对打标场地进行通风，清理工具、设备、场地，并按要求归类放置物品，丢弃垃圾	□

四、产品检验

完成模型的激光打标和实训场地的清理工作后，对照表 6-9 检查模型的打标质量和安全文明生产情况，并为自己的模型打分。

▼ 表6-9　激光打标质量检查表

序号	检查内容	检查标准	配分	得分
1	准备模型	能将模型处理到符合激光打标要求	10	
2	准备标志	标志美观、大方，尺寸、造型合适	10	
3	准备设备	能完成打标参数的设置工作	20	
4	设置参数	能完成模型定位和焦距设置工作	20	
5	激光打标	能完成模型的激光打标操作	20	
6	环境保护	能正确清理工具和场地，打标过程中能注意个人防护、安全操作和环境保护	10	
7	物料保管	能正确取用物料，打标后能按要求保管及储存物料	10	
	总分		100	

3D 打印产品的装配

 课堂同步

一、任务准备

1. 如图 7-1a 所示为经过打磨、上色的 3D 打印挖掘机各零部件，图 7-1b 所示为装配好的挖掘机模型，明确本项目的学习内容，将本项目需要完成的操作内容记录下来。

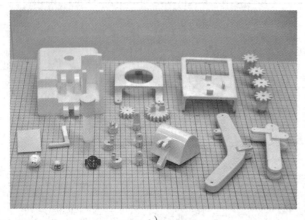
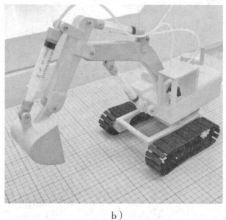

a） b）

图 7-1 3D 打印挖掘机模型

2. 根据任务要求提前准备相应的模型、工具、材料和劳动保护用品等，并将领到的物品分类后填入表 7-1 中。

▼ 表 7-1　工具、材料和劳动保护用品清单

序号	类别	准备内容
1	工具	
2	材料	
3	劳动保护用品	

二、3D 打印挖掘机的组装准备工作

在组装开始前，应先完成准备工作，以方便后续组装工作的开展，在表 7-2 中符合要求的类别后面打"√"。

▼ 表 7-2　组装准备检查单

序号	类别	是否符合
1	装配环境要求宽敞、明亮	☐
2	准备装配所需的相关工具	☐
3	准备需要组装的零件并清点数量，检查零件质量	☐
4	按规定穿戴好个人防护用品	☐

三、3D 打印模型的装配

1. 机臂的组装

准备好机臂组装所用的工具和材料，穿戴好个人防护用品，按照表 7-3 的图示和操作提示完成挖掘机机臂的组装操作，并根据图示补全操作内容，每完成一步在相应的操作提示后面打"√"。

▼ 表 7-3　机臂组装检查单

序号	图示	操作提示	完成情况
1		准备_____部分的零件，并使用_____清洁每个零件	☐

续表

序号	图示	操作提示	完成情况
2		根据机臂的运动特点，每个零件都通过_____连接，并且可以转动，将各连接处_____，检查是否有装不进去或转动不顺畅的情况	☐
3		如在预装过程中有连接问题，可使用_____和_____的方法进行处理，使各机构都能良好地运转	☐
4		此部分主要是用_____的方式进行固定，操作中注意_____，防止损坏零件	☐
5		检查机臂各连接处运动是否顺畅	☐

2. 机座的组装

准备好机座组装所用的工具和材料，穿戴好个人防护用品，按照表 7-4 的图示和操作提示完成挖掘机机座的组装操作，并根据图示补全操作内容，每完成一步在相应的操作提示后面打"√"。

▼ 表 7-4　机座组装检查单

序号	图示	操作提示	完成情况
1		准备_____部分的零件，并使用酒精清洁每个零件	☐
2		机座采用_____运动，履带是通过 3D 打印方式_____而成的，需要使用销钉将其头尾连接起来，履带轮和机座采用间隙配合并且可以转动，需将各连接处进行_____	☐
3		机座组装的主要问题就是配合部位的尺寸过盈，需要使用_____的方法处理	☐

续表

序号	图示	操作提示	完成情况
4		机座主要采用过盈连接、螺栓连接的方式固定，固定时一定要注意_____的过盈量不要太大，安装过程中避免因_____而损坏零件	☐
5		检查机座各连接处运动是否顺畅	☐

3. 机身的组装

准备好机身组装所用的工具和材料，穿戴好个人防护用品，按照表 7-5 的图示和操作提示完成挖掘机机身的组装操作，并根据图示补全操作内容，每完成一步在相应的操作提示后面打"√"。

▼ 表 7-5　机身组装检查单

序号	图示	操作提示	完成情况
1		准备_____部分的零件，并使用酒精清洁每个零件	☐

续表

序号	图示	操作提示	完成情况
2		机身是通过 3D 打印方式整体打印而成的，采用_____传动带动其转动，只需使用螺钉将齿轮机构连接起来即可	☐
3		机身的_____需要使用锉配的方法处理，让每个零件可以_____	☐
4		机身主要采用_____的方式固定，应注意紧固力适中	☐
5		检查机身各连接处运动是否顺畅	☐

4. 挖掘机整体的组装

准备好挖掘机整体组装所用的工具和材料，穿戴好个人防护用品，按照表 7-6 的图示和操作提示完成挖掘机整体的组装操作，并根据图示补全操作内容，每完成一步在相应的操作提示后面打"√"。

▼ 表 7-6 挖掘机整体组装检查单

序号	图示	操作提示	完成情况
1		准备_____、_____、_____等已组装好的部件，并使用酒精清洁每个部件	□
2		挖掘机各部件之间采用_____连接，以保证挖掘机的牢固性	□
3		挖掘机整体组装主要是保证_____，需要使用配钻的方法处理，让每个零部件可以通过_____进行紧固连接	□
4		挖掘机整体主要采用_____的方式固定，应注意紧固力适中	□
5		检查各部件间运动是否顺畅，连接是否紧固	□

5. 动力机构的组装

准备好动力机构组装所用的工具和材料，穿戴好个人防护用品，按照表 7-7 的图示和操作提示完成动力机构的组装操作，并根据图示补全操作内容，每完成一步在相应的操作提示后面打"√"。

▼ 表 7-7　动力机构组装检查单

序号	图示	操作提示	完成情况
1		准备挖掘机＿＿＿＿＿＿＿零件，挖掘机动力机构主要采用液压原理，利用＿＿＿＿＿＿模拟，可以实现各机构的运动	□
2		采用＿＿＿＿＿＿＿＿将注射器与 3D 打印零件粘接在一起，可通过＿＿＿＿＿＿＿＿控制间隙	□
3		动力机构的组装采用＿＿＿＿＿＿方式，注意检查其运动是否顺畅	□
4		检查各动作是否顺畅，若空气压缩力不够，可以在注射器内注入＿＿＿＿，以增加压缩力	□

6. 场地清扫

模型的组装工作已经完成，在组装和适配过程中难免会对场地周边环境造成影响，请参照表 7-8 清扫场地，每完成一步在相应的类别后面打"√"。

▼ 表 7-8　组装场地清扫检查单

序号	清扫类别	完成情况
1	对场地进行通风，清理与擦拭组装工具	☐
2	清理场地，打扫环境卫生	☐
3	将组装工具按要求归类放置	☐
4	按要求放置个人防护用品，丢弃垃圾	☐

四、产品检验与缺陷处理

1. 产品检验

完成模型的组装和实训场地的清理工作后，对照表 7-9 检查模型的组装质量和安全文明生产情况，并为自己的模型组装效果打分。

▼ 表 7-9　模型组装质量检查表

序号	检查内容	检查标准	配分	得分
1	零件清洁	零件表面无污渍，无粉尘	5	
2	螺栓连接	运动部位螺栓连接牢固，无安装缺陷	15	
3	粘接连接	胶水粘接部位牢固，无开胶、开裂现象	10	
4	拼接连接	拼接部位连接牢固，无安装缺陷	10	
5	配合部位	配合部位连接紧密，无晃动现象	20	
6	运动部位	运动部位动作顺畅，无卡顿，动作执行到位	15	
7	动力部位	动力部位可提供连续动力，无卡顿	15	
8	环境保护	能正确清理工具和场地，装配过程中能注意个人防护、安全操作和环境保护	5	
9	物料保管	能正确取用物料，装配后能按要求保管及储存物料	5	
		总分	100	

2. 产品缺陷分析

对照表 7-10 的图示检查模型在组装过程中是否存在与图示中相同的缺陷，并填写此种缺陷的产生原因和预防方法。

▼ 表 7-10　组装缺陷产生原因和预防方法

名称	图示	产生原因	预防方法
配合尺寸 不合格			

五、总结与评价

完成 3D 打印模型的组装后，本项目的学习即将结束，请对照表 7-11 所列评价要点为自己打分，并将结果填入表中。

▼ 表 7-11　任务评价表

序号	评价要点	配分	得分
1	了解 3D 打印产品装配的概念和方法	6	
2	了解 3D 打印产品装配的精度	6	
3	了解各种 3D 打印产品装配的工艺流程	6	
4	能熟练使用装配工具和设备	8	
5	能熟练穿戴个人防护用品	8	
6	能独立完成 3D 打印产品预装和检查工作	8	

续表

序号	评价要点	配分	得分
7	能独立完成 3D 打印产品的装配工作	12	
8	能对装配过程中产生的缺陷进行处理和修复	8	
9	能正确清理场地，处理垃圾，保管物品	8	
10	有安全意识和责任意识	6	
11	积极参加学习活动，能按时完成各项任务	6	
12	团队合作意识强，善于与人交流和沟通	6	
13	自觉遵守劳动纪律，不迟到，不早退，中途不随意离开实训场地	6	
14	严格遵守"6S"管理要求	6	
总分		100	

 **课后巩固**

一、填空题

1. 3D 打印产品装配就是按＿＿＿＿＿＿或＿＿＿＿＿＿，将产品各零部件进行＿＿＿＿＿＿，使之成为半成品或成品的＿＿＿＿＿＿。

2. 3D 打印产品的装配方法主要有＿＿＿＿＿、＿＿＿＿＿和＿＿＿＿＿。

3. 装配精度是制定＿＿＿＿＿＿的主要依据，也是选择合理的＿＿＿＿＿＿和确定＿＿＿＿＿＿的依据。

4. 3D 打印产品装配工作的基本内容包括＿＿＿、＿＿＿、＿＿＿、＿＿＿、＿＿＿。

5. 预装就是根据 3D 打印产品各零件的＿＿＿＿＿＿，预先调试＿＿＿＿＿＿的操作方法。

6. 粘接就是利用＿＿＿＿＿将 3D 打印产品各部分＿＿＿＿在一起的装配方法。

二、判断题

1. 3D 打印技术的成形方式可极大地缩短产品研制周期，提高了产品开发的效率。

（　　　）

2. 拼接就是将 3D 打印产品各零件，通过卡扣或卯榫结构进行连接，主要应用于固定连接的零件装配。（　　）

3. 粘接的方法是利用黏结剂将 3D 打印产品各部分粘接在一起，是不可以拆卸的方法。（　　）

4. 可拆连接就是将 3D 打印产品各零件通过螺纹或销钉组装在一起，使结构更加稳定，以便于拆卸和更换零件。（　　）

5. 装配精度是产品设计的重要环节之一，它不仅关系到产品质量，也影响产品制造的经济性。（　　）

6. 预装就是根据 3D 打印产品各零件的装配关系预先进行适配和验证，预装可有效缩短组装工时，减少组装工作量。（　　）

三、选择题

1.（　　）应用于机构的装配，便于后期的拆卸和零件的更换。

A. 拼接　　　　　　　　B. 粘接　　　　　　　　C. 可拆连接　　　　　D. 铆接

2.（　　）主要应用于装配有运动、配合关系的零件。

A. 拼接　　　　　　　　B. 粘接　　　　　　　　C. 连接　　　　　　　D. 铆接

3.（　　）固定的质量较高，缺点是不可拆卸，固定后部分缝隙较大。

A. 拼接　　　　　　　　B. 粘接　　　　　　　　C. 连接　　　　　　　D. 铆接

4. 两个零件尺寸超差影响配合时，常用的修整工具是（　　　）。

A. 剪钳　　　　　　　　B. 锉刀　　　　　　　　C. 钻头　　　　　　　D. 铲刀

5. 当两个零件因为间隙过小而使配合不顺畅时，可使用（　　　）调整零件间隙，使运动顺畅。

A. 剪钳　　　　　　　　B. 手锯　　　　　　　　C. 砂纸　　　　　　　D. 铲刀

四、简答题

1. 3D 打印产品的连接是如何定义的？主要应用于什么场合？

2. 简述 3D 打印产品在粘接时的注意事项。

 任务拓展

一、任务要求

  要求组装如图 7-2 所示的台虎钳模型，先去除各零部件的支撑结构，再将模型各部分进行打磨及抛光，清洗干净并进行二次固化，最后进行模型装配，装配后的模型可实现夹紧和松开的功能要求。

图 7-2　台虎钳模型

二、任务准备

  根据任务要求提前准备相应的工具、材料、设备和劳动保护用品等，并将准备好的相关物品分类后填入表 7-12 中。

▼ 表 7-12　工具、材料、设备和劳动保护用品清单

序号	类别	准备内容
1	工具	
2	材料	
3	设备	
4	劳动保护用品	

三、台虎钳模型的组装

穿戴好个人防护用品，按照表 7-13 所列的操作步骤完成台虎钳模型的组装工作。操作时需注意个人防护和环境保护，并听从指导教师的安排，每完成一步在相应的操作步骤后面打"√"。

▼ 表 7-13　模型组装流程表

序号	操作步骤	完成情况
1	准备台虎钳模型组装零件，检查零件的打磨质量	☐
2	对台虎钳模型进行预装	☐
3	对预装时连接和运动发生干涉的部位进行修磨	☐
4	完成台虎钳模型的组装工作	☐
5	检查组装质量	☐
6	对组装场地进行通风，清理工具、设备、场地，并按要求归类放置物品，丢弃垃圾	☐

四、产品检验

完成模型的组装和实训场地的清理工作后，对照表 7-14 检查模型的组装质量和安全文明生产情况，并为自己的模型组装效果打分。

▼ 表 7-14　组装质量检查表

序号	检查内容	检查标准	配分	得分
1	零件清洁	零件表面无污渍，无粉尘	10	
2	螺栓连接	运动部位螺栓连接牢固，无安装缺陷	15	
3	粘接连接	胶水粘接部位牢固，无开胶、开裂现象	15	
4	拼接连接	拼接部位连接牢固，无安装缺陷	15	
5	配合部位	配合部位连接紧密，无晃动现象	20	
6	运动部位	运动部位动作顺畅，无卡顿，动作执行到位	15	
7	环境保护	能正确清理工具和场地，装配过程中能注意个人防护、安全操作和环境保护	5	
8	物料保管	能正确取用物料，装配后能按要求保管及储存物料	5	
总分			100	

3D 打印产品后处理综合应用

 课堂同步

一、任务准备

1. 观察如图 8-1 所示的钢铁侠模型，该模型为 SLA 打印成形产品，经打磨、上色、拼装等步骤制成，明确本项目的学习内容，将本项目需要完成的操作内容记录下来。

图 8-1　钢铁侠模型

（1）预处理阶段：＿＿＿＿＿＿＿＿＿＿＿＿＿＿＿＿＿＿＿＿＿＿＿＿＿＿＿

（2）预装阶段：＿＿＿＿＿＿＿＿＿＿＿＿＿＿＿＿＿＿＿＿＿＿＿＿＿＿＿＿

（3）打磨阶段：＿＿＿＿＿＿＿＿＿＿＿＿＿＿＿＿＿＿＿＿＿＿＿＿＿＿＿＿

（4）抛光阶段：＿＿＿＿＿＿＿＿＿＿＿＿＿＿＿＿＿＿＿＿＿＿＿＿＿＿＿＿

（5）上色阶段：＿＿＿＿＿＿＿＿＿＿＿＿＿＿＿＿＿＿＿＿＿＿＿＿＿＿＿＿

（6）总装阶段：＿＿＿＿＿＿＿＿＿＿＿＿＿＿＿＿＿＿＿＿＿＿＿＿＿＿＿＿

2. 根据任务要求提前准备相应的模型、工具、材料、设备和劳动保护用品等，并将领到的物品分类后填入表 8-1 中。

▼ 表 8-1　工具、材料、设备和劳动保护用品清单

序号	类别	准备内容
1	工具	
2	材料	
3	设备	
4	劳动保护用品	

二、模型综合处理的准备工作

在模型综合处理开始前，应先完成准备工作，以方便后续各项后处理工作的开展，在表 8-2 中符合要求的类别后面打"√"。

▼ 表 8-2　模型综合处理准备检查单

序号	类别	是否符合
1	工作环境要求宽敞、明亮，有通风设备	☐
2	准备模型零部件	☐
3	合理安排和规划操作步骤	☐
4	根据操作步骤准备相关工具和设备	☐
5	按规定穿戴好个人防护用品	☐

三、模型综合处理

准备好综合处理各步骤所用的工具和材料，穿戴好个人防护用品，按照表 8-3 的操作步骤完成模型的综合处理，每完成一步在相应的操作步骤后面打"√"。

▼ 表 8-3　模型综合处理检查单

序号	操作步骤	完成情况
1	取下模型，使用剪钳和雕刻笔刀去除支撑结构，检查模型是否有打印缺陷	☐
2	穿戴好个人防护用品，手工清洗模型	☐
3	使用超声波清洗机清洗模型的内部结构，使模型干燥	☐
4	将模型放入紫外线固化箱进行二次固化	☐

续表

序号	操作步骤	完成情况
5	去除模型各部分毛刺，进行模型的预装	☐
6	对预装中发生干涉的位置进行标记	☐
7	使用锉刀对模型发生干涉的位置进行打磨	☐
8	全模型喷涂水补土，检查模型缺陷	☐
9	使用砂纸对模型缺陷部位进行处理	☐
10	模型喷砂、抛光，处理模型细节	☐
11	模型喷涂底漆，检查喷涂质量，处理缺陷	☐
12	模型喷涂面漆，绘制细节，喷涂光油	☐
13	清理模型粘接面，组装模型	☐
14	检查模型质量	☐
15	对场地进行通风，清理工具、设备、场地，并按要求归类放置物品，丢弃垃圾	☐

四、产品检验

完成模型的综合处理和实训场地的清理工作后，对照表 8-4 检查模型的综合处理质量和安全文明生产情况，并为自己的模型处理效果打分。

▼ 表 8-4　模型综合处理质量检查表

序号	检查内容	检查标准	配分	得分
1	预处理	能从打印平台上完整地取下模型零件	4	
		能正确清理打印平台，捡出掉落的残渣	4	
		能使用工具去除模型支撑结构，支撑位置无缺陷	4	
		能使用手工或超声波清洗机清洗模型	4	
		能完成模型的二次固化，无固化缺陷	4	
2	预装阶段	能使用工具修整模型，完成模型的预装	5	
		标记在预装中发生干涉的部位	5	

续表

序号	检查内容	检查标准	配分	得分
3	打磨阶段	使用锉刀修磨模型，无明显缺陷	5	
		能完成全模型水补土的喷涂工作，检查打磨质量	5	
		使用砂纸修磨模型缺陷	5	
		对模型进行喷砂处理，无缺陷	5	
4	抛光阶段	使用砂纸抛光模型，无缺陷	5	
		使用工具处理模型细节，无遗漏	5	
5	上色阶段	喷涂模型底漆，无明显缺陷	4	
		检查底漆情况，如有缺陷应及时修复	4	
		模型各部分零件喷涂面漆，无喷涂缺陷	4	
		手绘模型的细节无遗漏，无笔涂缺陷	4	
		模型各部分喷涂光油并干燥	4	
6	总装阶段	修磨粘接处，能完成模型的组装工作	10	
7	环境保护	装配后能正确清理工具和场地，装配过程中能注意个人防护、安全操作和环境保护	5	
8	物料保管	能正确取用物料，装配后能按要求保管及储存物料	5	
总分			100	